JN045881

農業経営基盤強化促進法

一問一答集

3訂

全国農業委員会ネットワーク機構
一般社団法人　全国農業会議所

はじめに

農業経営基盤強化促進法は、制定以来、農業構造・経営対策の中心的法律として、重要な役割を果たしてきております。

この法律の中心となっている農業経営基盤強化促進事業は、昭和五十年の農業振興地域の整備に関する法律の一部改正により、市町村の農用地利用増進事業としてスタートし、昭和五十五年制定の農用地利用増進法では事業内容を拡充。平成五年の同法の全面改正による農業経営基盤強化促進法への移行では、「効率的かつ安定的な農業経営」を育成するため、利用権設定等促進事業など各種事業を組み合わせた総合事業として位置づけられ、併せて認定農業者制度の創設や農地保有合理化事業の強化など制度の拡充が図られました。以後、認定新規就農者制度の取り込み、就農支援資金の日本政策金融公庫からの融資、所有者不明農地の利活用のための新制度の創設、認定農業者の活動範囲に対応し市町村の認定事務を都道府県又は国が処理する仕組みの創設などの改正が逐次、行われてきました。

直近では、令和四年に「農業経営基盤強化促進法等の一部を改正する法律」が成立しました。このうち、基盤強化法改正では、目標地図を含む地域計画の策定（人・農地プランの法定化）、地域計画の達成に向けた農業委員会による農地利用調整活動の積極的な促進、基本方針への「農業を担う者の確保・育成」事項の追加などの重要な制度変更が行われました。また、農地中間管理事業法改正では、地域計画達成に向け、機構による「農用地利用集積等促進計画」の策定（現行の市町村が定める農用地利用集積計画と機構が定める農用地利用配分計画との統合）等の重要な改正を見ました。

今回の改正により、農用地利用増進法の制定以来、継承されてきた利用権設定等促進事業には終止符が打たれました。今後は、新たに措置された地域計画推進事業を推進し、地域計画（目標地図）の策定を通じ、地域の将来の農業の在り方・農地利用の姿、権利移動の方向付けを明確化するとともに、目標地図の実現に向け、地域総がかりで様々な取組みを推進し、機構の農用地利用集積等促進計画を活用して農地の集約化等を進めることが課題となります。

本改訂版は、令和四年の基盤強化法改正の内容を中心に大幅な見直しを行い、その形式は、現場で役立つ手引書となるべく、引き続き一問一答形式としました。本書が様々な場面で皆様にご活用頂ければ幸いです。

最後に、発刊に際しては関係者に多大なご協力をいただきました。ここに厚く感謝申し上げます。

令和六年三月

全国農業委員会ネットワーク機構
一般社団法人　全国農業会議所

本書における法律の略称は次のとおりです。

「法」：農業経営基盤強化促進法（昭和五十五年法律第六五号）

「一部改正法」：農業経営基盤強化促進法等の一部を改正する法律（令和四年法律第五五号）

「旧基盤強化法」：一部改正法による改正前の農業経営基盤強化促進法

「新基盤強化法」：一部改正法による改正後の農業経営基盤強化促進法

「農地中間管理事業法」：農地中間管理事業の推進に関する法律（平成二十五年法律第百一号）

「旧農地中間管理事業法」：一部改正法による改正前の農地中間管理事業の推進に関する法律

「新農地中間管理事業法」：一部改正法による改正後の農地中間管理事業の推進に関する法律

「農振法」：農業振興地域の整備に関する法律

「農協法」：農業協同組合法

目　次

目　次

Ⅲ　農地中間管理機構特例事業……31

（認定の基準）

（認定の対象）

（認定の手続き）

Ⅵ　認定新規就農者制度

目次

(農業者等による協議の場の設置等)

（地域計画・目標地図の作成）

（全体関係）

（地域計画の作成・変更）

（目標地図）

（地域計画の達成・目標地図の実現）

（市町村による計画管理等）

（農業委員会による利用権の設定等の促進等）

（地域計画区域内の農用地の所有者からのあっせんの申出、買入協議）

（その他）

（特定農業法人・特定農業団体）

五、農作業の受委託を促進する事業等

六、事業の普及推進

七、認定農業者等に関する情報提供等

Ⅰ　農業経営基盤強化促進法の目的等

問001

農業経営基盤強化促進法の目的は何ですか。

答

農業経営基盤強化促進法は、効率的かつ安定的な農業経営を育成するため、地域において育成すべき多様な農業経営の目標を、関係者の意向を十分踏まえた上で明らかにし、その目標に向けて農業経営を改善する者に対する農用地の利用の集積、経営管理の合理化など、農業経営基盤の強化を促進するための措置を総合的に講じるものです。

問002

農業経営基盤強化促進法の仕組みについて教えてください。

答

一、農業経営基盤強化促進法は、効率的かつ安定的な農業経営を育成するとともに、これらの農業経営が農業生産の相当部分を担うような農業構造を確立するため、育成すべき効率的かつ安定的な農業経営の目標を明らかにするとともに、その目標に向けて農業経営の改善を計画的に進めようとする農業者に対する農用地の利用の集積及びこれらの農業者の経営管理の合理化等、農業経営基盤の強化を促進するための措置を総合的に講じることを目的としています。

二、具体的には、

① 都道府県及び市町村が農業経営基盤の強化の促進に関する目標、育成すべき農業経営に関する目標、農地中間管理機構に関する事項等を定めた基本方針及び基本構想を作成

② 農地中間管理機構特例事業を農業経営の基盤強化措置の重要な推進事業として本法に規定し、農地売買等事業、研修等事業などを実施

③ 農業に主体的に取り組もうとする農業者が、農業経営の規模の拡大、生産方式・経営管理の合理化、農業従事の態様の改善等を内容とする農業経営改善計画を作成し、市町村が

地域の実情を踏まえて策定した基本構想に示す経営指標等に照らし、これを市町村等が認定し、この計画に基づき農業者の行う経営改善を支援する認定農業者制度

④　新たに農業経営を営もうとする青年等が農業経営に関する目標等を内容とする青年等就農計画を作成し、市町村が基本構想に示す経営指標等に照らして認定し、国、農業経営・就農支援センター、農業団体とともに青年等就農計画の達成を支援する認定新規就農者制度

⑤　市町村が地域の農業者等の協議の結果を踏まえ、農用地の効率的かつ総合的な利用を図るため、当該協議の対象となった農業上の利用が行われる農用地等の区域における農業経営基盤の強化の促進に関する計画である地域計画を定め、その中で地域の農業の将来の在り方や目指すべき将来の農用地利用の姿である目標地図を明確化し、その実現に向けて、農地中間管理事業及び特別事業を通じて農用地について利用権の設定等を促進する地域計画推進事業

⑥　農用地の効率的かつ総合的な利用を図る目的として作付地の集団化、農作業の効率化等を話し合いを通じて進める農用地利用改善事業、農作業の受委託を促進する事業等を総合的に講じることとしています。

促進法の仕組み

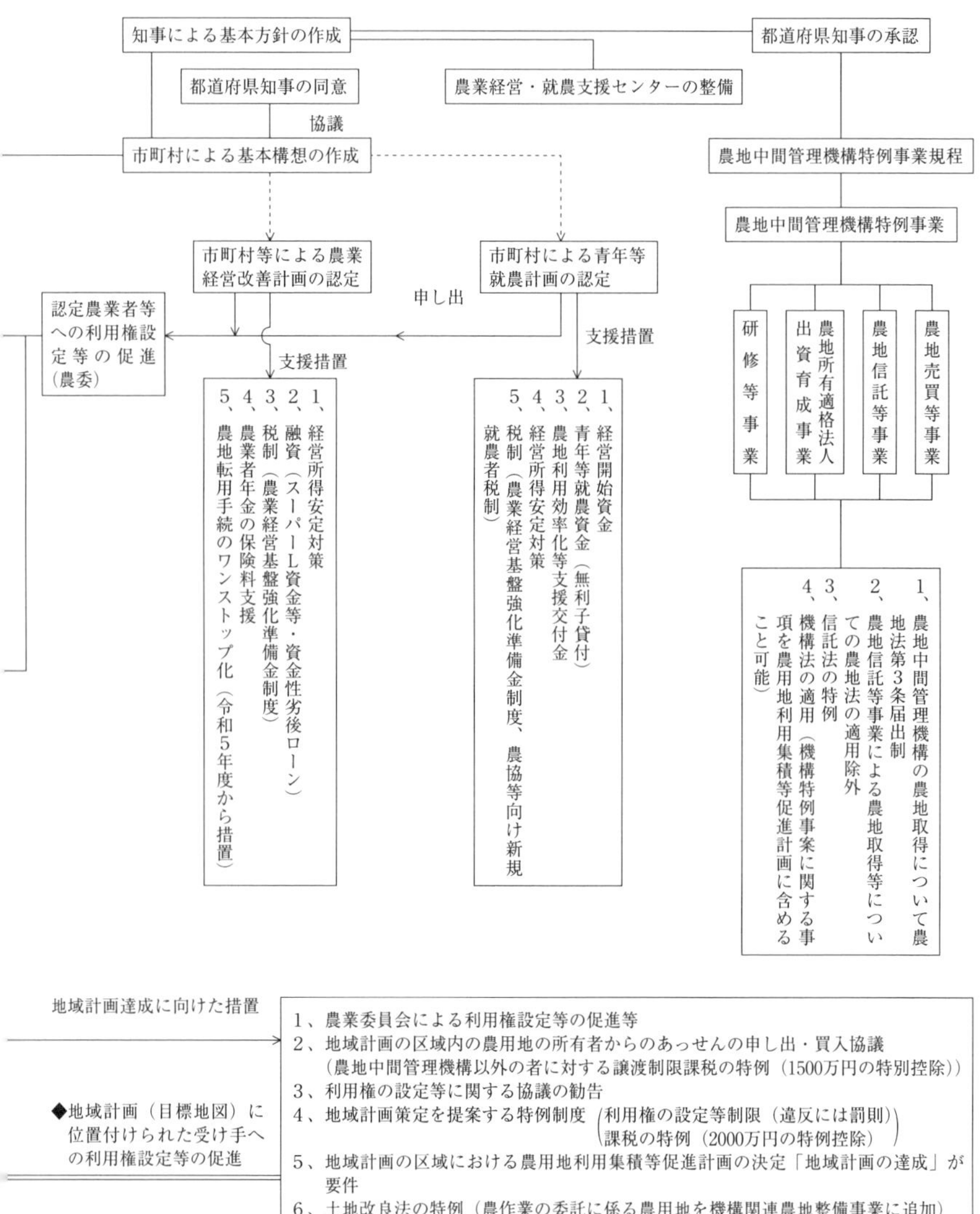

地域計画達成に向けた措置

◆地域計画（目標地図）に位置付けられた受け手への利用権設定等の促進

1、農業委員会による利用権設定等の促進等
2、地域計画の区域内の農用地の所有者からのあっせんの申し出・買入協議
（農地中間管理機構以外の者に対する譲渡制限課税の特例（1500万円の特別控除））
3、利用権の設定等に関する協議の勧告
4、地域計画策定を提案する特例制度（利用権の設定等制限（違反には罰則）、課税の特例（2000万円の特例控除））
5、地域計画の区域における農用地利用集積等促進計画の決定「地域計画の達成」が要件
6、土地改良法の特例（農作業の委託に係る農用地を機構関連農地整備事業に追加）
7、農用地区域の除外要件に「地域計画の達成」が追加

農業経営基盤強化

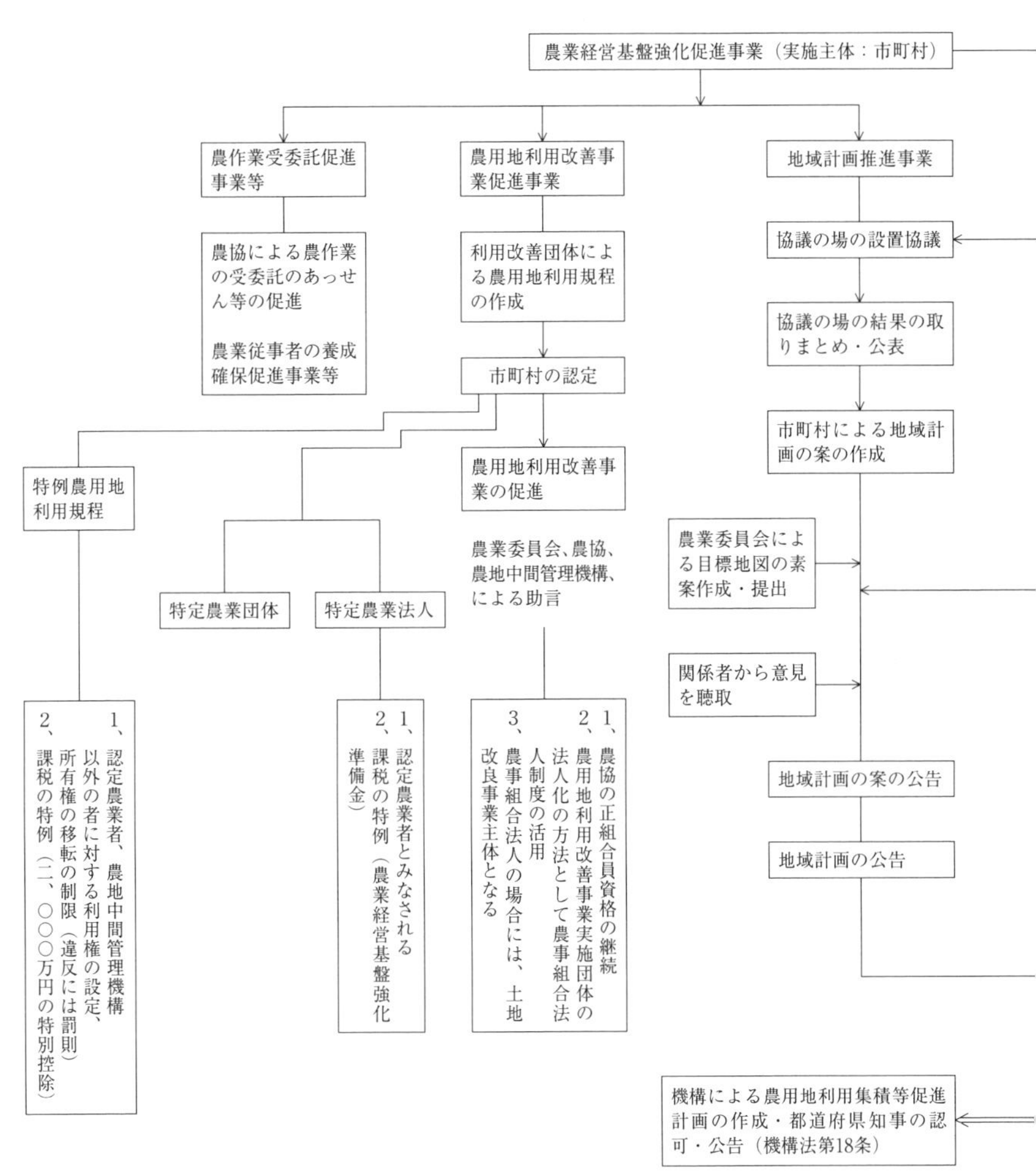
農業経営基盤強化促進事業（実施主体：市町村）
農作業受委託促進事業等
農用地利用改善事業促進事業
地域計画推進事業
農協による農作業の受委託のあっせん等の促進
農業従事者の養成確保促進事業等
利用改善団体による農用地利用規程の作成
市町村の認定
協議の場の設置協議
協議の場の結果の取りまとめ・公表
市町村による地域計画の案の作成
特例農用地利用規程
農用地利用改善事業の促進
農業委員会、農協、農地中間管理機構、による助言
農業委員会による目標地図の素案作成・提出
特定農業団体
特定農業法人
関係者から意見を聴取
1、認定農業者、農地中間管理機構以外の者に対する利用権の設定、所有権の移転の制限（違反には罰則）
2、課税の特例（二、〇〇〇万円の特別控除）
1、認定農業者とみなされる
2、課税の特例（農業経営基盤強化準備金）
1、農協の正組合員資格の継続
2、農用地利用改善事業実施団体の法人化の方法として農事組合法人制度の活用
3、農事組合法人の場合には、土地改良事業主体となる
地域計画の案の公告
地域計画の公告
機構による農用地利用集積等促進計画の作成・都道府県知事の認可・公告（機構法第18条）
（農地中間管理権の取得・利用権設定などの効果が発生）

問003

農業経営基盤強化促進法第二条に、国・地方公共団体の責務規定を設けている理由は何ですか。

答

一、農業経営基盤の強化を図るためには、土地、機械・施設その他の資本、人、技術等、農業経営の基本的要素全般にわたって、その充実、強化のための施策を総合的かつ効果的に推進することが必要です。

二、このためには、本法に基づいて実施される効率的かつ安定的な経営体に対する農用地の利用の集積、これらの農業者の経営管理の合理化等のための諸施策だけでなく、農業生産基盤の整備・開発、近代化施設の導入、研究開発及び技術の普及など、経営体の耕作地の農業生産力の向上、農作業の効率化、新技術の導入等を円滑かつ効果的に進めるための関連施策が総合的に推進されることが不可欠です。

三、このため、国及び地方公共団体が、農業経営基盤の強化を促進するためにこれら関連施策を総合的に推進すべきことを、責務規定として設けることにより明確にしているのです。

問004

「農業経営基盤の強化」とは具体的にどのようなことをいうのですか。

一、「農業経営基盤」とは、農業経営体が農業を営む上で基本となる必要な経営要素をいいます。

二、具体的には、土地、機械・施設等の「資本」、経営、労働の主体としての「人」、農業技術、経営管理能力等の「ノウハウ」をいい、「農業経営基盤の強化」とは、これらの経営要素を農業経営体の経営発展に資するよう充実、強化することです。

三、農業経営基盤強化促進法による具体的な措置としては、

①「土地」に関する施策として、効率的かつ安定的な経営体に農地の利用を集積する等のための地域計画推進事業（地域計画の策定と地域計画の達成に向け、農地中間管理事業及び農地中間管理機構特例事業の実施による農用地の利用権の設定等を促進する事業）、農地中間管理機構特例事業、農用地利用改善事業等

②「機械・施設」に関する施策として、農業経営改善計画の認定を受けた農業者、青年等就農計画の認定を受けた新規就農者に対する日本政策金融公庫等による融資等

③「その他の資本」の充実のための施策として、農地所有適格法人出資育成事業等

④「人」及び「ノウハウ」に関する施策として、農地中間管理機構による研修等事業、認定農業者のための研修等の実施等があります。

問005

食料・農業・農村基本法及び基本計画との関係を説明してください。

答

一、食料・農業・農村基本法においては、食料、農業及び農村に関する施策について、基本理念（食料の安定供給の確保、多面的機能の発揮、農業の持続的発展、農村の振興）を定め、その実現を図るのに基本となる事項として食料・農業・農村基本計画の策定及び四つの基本理念についての講ずべき施策を定めるとともに、国及び地方公共団体の責務と農業者等の努力義務等を明らかにしています。また、食料・農業・農村基本計画は、食料・農業・農村基本法の基本理念や政策の改革方向を実効性の高い施策によって担保することを目的としています。

二、食料・農業・農村基本法第二十一条において、「国は、効率的かつ安定的な農業経営を育成し、これらの農業経営が農業生産の相当部分を担う農業構造を確立するため、営農の類型及び地域の特性に応じ、農業生産の基盤の整備の推進、農業経営の規模の拡大その他農業経営基盤の強化の促進に必要な施策を講ずるものとする」としています。

三、この「効率的かつ安定的な農業経営」の育成を図りこれらの農業経営が農業生産の相当部分を担うような農業構造を確立するため、農業経営基盤強化促進法において、育成すべき効率的かつ安定的な農業経営の目標を明らかにするとともに、その目標に向けて農業経営の改善を計画的に進めようとする農業者に対する農用地の利用の集積及びこれらの農業者の経営管理の合理化、農業経営基盤の強化を促進するための措置を総合的に講じる（法第一条）こととしています。

Ⅱ　基本方針及び基本構想

問006

農業経営基盤強化促進法では基本方針や基本構想を定めることとされていますが、それらはどのようなものですか。

答　一、農業経営基盤強化促進法においては、都道府県、市町村が、当該地域において育成すべき効率的かつ安定的な農業経営の指標及びこのような農業経営を営む者に対する農用地の利用の集積の目標並びにこのような農業経営を目指して経営改善を図ろうとする者への支援措置のあり方等について総合的な計画を定めることとし、都道府県においては農業経営基盤の強化の促進に関する基本方針（基本方針）、市町村においては農業経営基盤の強化の促進に関する基本構想（基本構想）を策定することとされています。

二、基本方針は、都道府県の区域又は自然的経済的社会的諸条件を考慮して都道府県の区域を分けて、地域の特性に即し、次の事項を定めることとされています（法第五条第二項、第三項）。

①　農業経営基盤の強化の促進に関する基本的な方向

②　効率的かつ安定的な農業経営の基本的指標
③　新たに農業経営を営もうとする青年等が目標とすべき農業経営の基本的指標
④　農業を担う者の確保及び育成を図るための体制の整備その他支援の実施に関する事項
⑤　効率的かつ安定的な農業経営を営む者に対する農用地の利用の集積に関する目標その他農用地の効率的かつ総合的な利用に関する目標
⑥　農業経営基盤強化促進事業の実施に関する基本的な事項
⑦　農地中間管理機構が行う特例事業に関する事項（必要があると認めるとき）

具体的記述に当たっては、①～⑥に掲げる事項については、基本要綱の定めるところにより記載するとされ、⑦の特例事業に関する事項については、機構が特例事業実施要領（処理基準別添1）に沿って特例事業を行うと認めるときに記載するとされています。その際、地域計画の区域において特例事業を実施する場合は、当該地域計画の達成に資することとなるように実施しなければならないことについて記述するとされています（処理基準第2）。

なお、この基本方針は、おおむね五年ごとに十年間を見通して定める（政令第一条）こととされています。

三、基本構想は、都道府県の基本方針に即して、次の事項を定めることとされています（法第六条第二項）。

①　農業経営基盤の強化の促進に関する目標

②　農業経営の規模、生産方式、経営管理の方法、農業従事の態様等に関する営農の類型ごとの効率的かつ安定的な農業経営の指標

③　農業経営の規模、生産方式、経営管理の方法、農業従事の態様等に関する営農類型ごとの新たに農業経営を営もうとする青年等が目標とすべき農業経営の指標

④　②及び③に掲げる事項のほか、農業を担う者の確保及び育成に関する事項

⑤　効率的かつ安定的な農業経営を営む者に対する農用地の利用の集積に関する目標その他農用地の効率的かつ総合的な利用に関する事項

⑥　農業経営基盤強化促進事業に関する次の事項

ア　第十八条第一項の協議の場の設置の方法、第十九条第一項に規定する地域計画の区域の基準その他第四条第三項第一号に掲げる事業に関する事項

イ　農用地利用改善事業の実施の単位として適当であると認められる区域の基準その他農用地利用改善事業の実施の基準に関する事項

ウ　農業協同組合が行う農作業の委託のあっせんの促進その他委託を受けて行う農作業の実施の促進に関する事項　等

基本構想は、都道府県知事に協議し、同意を得て公告（市町村の公報に掲載等）することとされています。

また、基本構想は、基本方針の期間につき定めることとされており（政令第二条）、おお

むね五年ごとに十年間を見通して定める（政令第一条）こととされています。

問007　効率的かつ安定的な農業経営とはどのような経営をいうのですか。

答　一、主たる農業従事者の年間労働時間は他産業並みの水準とし、また主たる農業従事者の生涯所得も地域の他産業従事者と遜色のない水準を実現できる経営感覚に優れた経営体をいいます（基本要綱（別紙1）第1）。

二、都道府県基本方針では、当該農業経営に従事する者の労働時間や所得が地域の他産業並みの年間労働時間で、他産業従事者と遜色のない生涯所得を実現し得る年間所得となるよう、経営規模、生産方式、経営管理の方法、農業従事の態様等に関する基本的指標を示し、これを基準として、市町村基本構想において効率的かつ安定的な農業経営の指標を定めています。

問008

都道府県が定める基本方針と市町村が定める基本構想との関係はどうなるのですか。

答

一、都道府県が定める基本方針は、市町村が定める基本構想の指標となるものであるとともに、都道府県知事が市町村基本構想に同意する際の基準となるものです。

二、市町村は、都道府県知事が定めた基本方針を参照しつつ、地域の状況を勘案し基本構想を策定することとなりますが、この場合、定められた基本構想は都道府県が自然的・経済的・社会的条件に応じて定める区域のうち当該市町村が該当する区域の水準と同程度となっていることが必要です。

三、なお、市町村における基本構想は、その地域の実情を踏まえ策定されることとなりますから、市町村基本構想における「効率的かつ安定的な農業経営を営む者に対する農地利用の集積の目標」の積み上げが、都道府県の「効率的かつ安定的な農業経営を営む者に対する農地利用の集積の目標」とは必ずしも一致するとは限りません。

問009

基本方針の策定・変更の手続きを教えてください。

一、基本方針は、各都道府県域における農業の十年後のあるべき姿についてビジョンを描くとともに、地域農業をめぐる状況を的確に反映することが必要とされることから、五年ごとに見直すこととされています（政令第一条）。

二、したがって、知事は、おおむね五年ごとに、十年間を見通して基本方針を定めることとなります。策定にあたっては、育成すべき効率的かつ安定的な農業経営が地域の農業生産の相当部分を担う農業構造を実現するための諸施策についても基本方針に定めることから、都道府県段階において、円滑にこれらの施策を実施していく上で重要な役割を果たす都道府県農業委員会ネットワーク機構（農業会議）及び農業者、農業に関する団体その他の関係者の意見を聴くよう措置されています（法第五条第六項）。

三、このため、これらの団体を含む農業関係機関・団体等により検討体制を整備し、基本方針の策定及び変更について検討することが効率的です。

四、なお、基本方針を策定又は変更したときは、遅滞なく公表しなければならない（法第五条第七項）ことから、都道府県の公報・ホームページへの掲載やパンフレットの作成・配布などの手段を活用することが望ましいと考えられます。

問010　基本構想の策定・変更の手続きを教えてください。

答　一、基本構想は、各市町村が地域の実情を踏まえ、効率的かつ安定的な農業経営の育成を図る場合において、目標の明確化を図るため、育成すべき農業経営の指標やその実現のために採るべき措置などを示すものですが、その策定に当たっては、基本構想の指針となる基本方針に即して策定することから、基本方針の期間について定めることとされています（政令第二条）。

二、したがって、基本構想は、基本方針の最終目標年次と基本構想の最終目標年次が同一になるよう定めることとなり、基本方針が変更された場合、当然に、基本構想も変更することとなります。

三、また、策定に当たっては、地域農業再生協議会、農地中間管理機構、農業協同組合、農業委員会、土地改良区、農用地利用改善団体、普及指導センター、農業経営・就農支援センター等の関係団体のほか、農業法人、認定農業者、認定新規就農者、集落営農の代表者などと連携して、その内容について検討を行います（基本要綱第４・２⑴②）。
四、策定された基本構想案については、その指針となる基本方針に即していることについての都道府県知事の同意を得るため、協議が必要となります。
　また、基本構想の変更に際しても、同様の手続きによることとされています。
五、このような手続きを経て、策定・変更された基本構想は、遅滞なく、都道府県知事の同意を得て定めたことと併せ、当該基本構想を市町村の公報への掲載やインターネットの利用等により公告することとされています（基本要綱第４・２⑶①）。
六、また、市町村は、基本構想を策定・変更した際は、都道府県知事（その区域内に、基本要綱第６に基づき、農林水産大臣又は地方農政局長から経営改善計画の認定を受けた者がいる場合には、都道府県知事及び農林水産大臣又は当該地方農政局長）に当該基本構想の写しを送付するものとされています（基本要綱第４・２⑶②）。

問011　基本構想にはどのような事項を定めればよいのでしょうか。

答

一、基本構想において定める事項は、法律及び省令で定められていますが、これを簡単に説明すれば、次のようになります（基本要綱（別紙２））。

(1)　農業経営基盤の強化の促進に関する目標

次の事項の記述に当たっては、地域において目標とする姿がより具体的に示され、農業者、新たに農業経営を営もうとする青年等や関係団体等にわかり易いものとなるよう配慮する必要があります。

ア　市町村における農業生産、農業構造等の十年間を見通した今後の農業の基本的な方向

イ　市町村において育成すべき効率的かつ安定的な農業経営についての目標とすべき所得水準、労働時間等の基本的考え方、新たに農業経営を営もうとする青年等が目標とすべき所得水準、労働時間等の基本的考え方

ウ　効率的かつ安定的な農業経営を担う人材の育成・確保やこれらの経営の育成の考え方

エ　これらの農業経営を支援していくための諸施策

オ　併せてこれらの農業経営の育成と関連した新規就農者数の確保目標、地域の農業生産

の組織化等

(2)　農業経営の規模、生産方式、経営管理の方法、農業従事の態様等に関する営農の類型ごとの効率的かつ安定的な農業経営の指標

(3)　農業経営の規模、生産方式、経営管理の方法、農業従事の態様等に関する営農の類型ごとの新たに農業経営を営もうとする青年等が目標とすべき農業経営の指標

(4)　(2)及び(3)に掲げる事項のほか、農業を担う者の確保及び育成に関する事項（農業を担う者の確保及び育成の考え方、就農希望者の受入体制の確保、市町村内の関係機関との役割分担、連携の考え方、市町村が主体的に行う就農等促進のための取組、就農希望者の受入れから定着に向けたサポートの考え方・取組について記述）（本事項は、令和四年改正基盤法で新設）

(5)　効率的かつ安定的な農業経営を営む者に対する農用地の利用の集積に関する目標その他農用地の効率的かつ総合的な利用に関する事項（このうち、令和四年改正基盤法で追加された「その他農用地の効率的かつ総合的な利用に関する事項」については、地域全体で農用地の利用関係の調整を行うため、市町村及び地域ごとに記述する。具体的には、農用地の利用の状況等の現状を踏まえた今後の農地利用等の見通し、認定農業者等への農用地の利用集積や地域における農用地の集団化（集約化）の将来の望ましい農地利用の在り方、またこれを実現するための具体的な取組の内容、関係機関及び関係団体との連携等につい

て記述）

(6)　農業経営基盤強化促進事業に関する事項（法第六条第二項第六号、省令第三条、基本要綱（別紙２）第５）

ア　第十八条第一項の協議の場の設置方法、第十九条第一項に規定する地域計画の区域の基準その他第四条第三項第一号に掲げる事業に関する事項（協議の場の設置の方法として、協議の場の開催時期、開催に係る情報提供の方法、参加者、協議すべき事項、相談窓口の設置、地域計画の区域の基準として、農業上の利用が行われる農用地等の区域の判断基準、その他第四条第三項第一号に掲げる事業に関する事項として、地域計画の策定の進め方（関係機関との関わり方等）や地域計画に基づく農用地の利用権の設定等の進め方等について記述）

イ　農用地利用改善事業の実施の単位として適当であると認められる区域の基準その他農用地利用改善事業の実施の基準に関する事項（農用地利用改善事業の実施を促進するための方策、農用地利用改善事業の実施区域の基準、農用地利用改善事業の内容、農用地利用規程の内容、農用地利用規程の認定（特定農用地利用規程の認定を含む。）、農用地利用改善団体に対する指導・援助等について記述）

ウ　農業協同組合が行う農作業の委託のあっせんの促進その他の委託を受けて行う農作業の実施の促進に関する事項等（農作業の受委託の促進、農業委員会、農地中間管理機

構、農業協同組合による農作業の委託のあっせん、農業協同組合自らが委託を受けて農作業を行う取組等を記述）

なお、基本構想は基本方針に即するとともに、農業振興地域整備計画その他法律の規定による地域の農業の振興に関する計画との調和が保たれたものでなければならないとされています（法第六条第三項、第五条第四項）。

※農業経営基盤強化促進法等の一部を改正する法律（令和四年法律第五十六号）の施行後においても、同法に設けられた経過措置により引き続き農用地利用集積計画の作成を行う場合、同経過措置の期間の間、「農業経営基盤強化促進事業に関する事項」に引き続き当該農用地利用集積計画に関する記載を行うことは差し支えない。

問012

基本構想に定める農業経営の指標とはどのようなものですか。

答

一、基本構想は、各市町村において、今後十年間にわたりその育成すべき効率的かつ安定的な農業経営の姿を明確化するものです。

二、この中で、育成すべき農業経営の具体的な姿を、営農類型別に明らかにしたものが農業経営の指標です。

この指標は、経営改善に際して、経営規模以外に課題となる経営管理や雇用問題、資金確保等の問題に対応できるとともに、経営改善に取り組む農業者及びこれを支える農業関係者にとって現実性がある指標とすることが重要であることから、「農業経営の規模」、「生産方式」、「経営管理の方法」及び「農業従事の態様」の各項目について、その目指す水準としての数値又は手法などを記述することとされています。

三、具体的には、左記の内容を記述することとなります。

①「農業経営の規模」…部門別の作付面積、家畜の飼養頭数、全体の経営面積、特定作業受託の内容、農畜産物の加工・販売、その他の関連・附帯事業等

②「生産方式」…………導入する機械・施設、導入する技術、作付体系、用排水路・区画などの農地の生産力に関すること

③「経営管理の方法」…複式簿記による記帳の実施、法人化、パソコン等の経営管理機器の導入に関すること等

④「農業従事の態様」…ヘルパー制度の活用、労働災害に関する補償、年金制度に関すること、休日制の導入、給料制の実施等

問013

基本構想の利用集積の目標はどのような考え方で定めるべきですか。

一、効率的かつ安定的な農業経営が地域の農用地の利用に占めるべき面積の割合をおおむね十年後を見通して定めます（基本要綱（別紙１）、第４（別紙２）第４の１）。この場合に、利用権の設定等を受けたもののほか、水稲においては基幹三作業（耕起・代かき、田植え、収穫・脱穀）の全てを受託している面積、その他の作目においては主な基幹作業を受託している面積を含めるものとします。これは、農作業の受託が実質的な規模拡大となったり、また、将来的には借地等の農業経営の規模拡大に発展するケースが見られるからです。

二、なお、効率的かつ安定的な農業経営として育成すべき経営の数の目標は、これらの農業経営が農業生産の相当部分を担うような農業構造の確立を示す一つの指標とも考えられるので、必要に応じて農用地の利用の集積に関する目標と併せて参考として掲げることも有益です。

問014

旧基盤強化法による基本方針・基本構想の変更期限はいつまででしょうか。

答

旧基盤強化法による基本方針は、一部改正法の施行日から三か月以内（令和五年六月三十日）、基本構想は六月以内（令和五年九月三十日）以内に変更する必要があります（一部改正法附則第二条）。

問015

新基盤強化法では基本方針・基本構想の規定事項が拡充されましたが、その内容はどのようなものでしょうか。どのような事項を記載すればよいのでしょうか。

答

一、基本方針・基本構想の規定事項の拡充により、新たに「農業を担う者」を位置付けることとされました。この場合の「農業を担う者」としては、地域農業を支える者を幅広く確保・育成していく観点から、経営規模の大小・家族か法人かの別に関わらず、

①　認定農業者、認定新規就農者等の担い手や農業経営を営む者

②　雇用されて農業に従事している者
③　新たに農業を始めようとする者
④　農作業の受託サービスを提供する者
等の農産物の生産活動等に直接関わる者を位置付けることとされています。
二、また、基本方針においては、こうした農業を担う者を育成・確保するため、都道府県が整備する体制（農業経営・就農支援センター）や運営方法等について記載することとなります。

問016

基本方針に新たに追加された「農業を担う者の確保及び育成を図るための体制の整備その他支援の実施に関する事項」では、どのようなことを定めればよいのでしょうか。また、基本構想の「農業を担う者の確保及び育成に関する事項」では、何を定めたらよいでしょうか。

答

一、基本方針
新基盤強化法で、基本方針の追加事項となった「農業を担う者の確保及び育成を図るための体制の整備その他支援の実施に関する事項」においては、具体的には、都道府県における農業を担う者の確保及び育成の考え方、農業経営・就農支援センターの体制及び運営方針、都道府県が主体的に行う取組、関係機関との連携・役割分担の考え方、就農等希望者のマッチング及び農業を担う者の確保及び育成のための情報共有などを記載します（基盤強化法基本要綱別紙１の第３）。

二、基本構想

農業を担う者の確保及び育成の考え方、就農等希望者の受入体制の確保、市町村内の関係機関との役割分担・連携の考え方、市町村が主体的に行う就農等促進のための取組、就農等希望者の受け入れから定着に向けたサポートの考え方・取組について記述します（基盤強化法基本要綱別紙２の第３）。

問017

農業経営・就農支援センターを設置する意義を説明して下さい。

担い手の高齢化・人口減少の中、地域農業を支える者を幅広く確保・育成していくことが喫緊の課題となっていることから、これまで主に若者を対象に就農段階の支援を行っていた青年農業者等育成センターに替えて、年齢層を限らず「農業を担う者」を対象と

し、基本方針等に即して農業を担う者の育成・確保に必要な支援を明確化するとともに、各都道府県内における関係機関の役割分担や連携等の体制として都道府県が「農業経営・就農支援センター」を整備することとしたものです。

問018

農業経営・就農支援センターでは、具体的に誰を対象に業務を行うのでしょうか。

答

農業経営・就農支援センターにおいては、農業経営を営んでいる者、雇用されて農業に従事している者、新たに農業を始めようとする者などについて、法人か家族経営か、経営規模を問わず、「農業を担う者」である農産物の生産活動等に直接関わっている者を対象に幅広く業務を行うこととなります。

問019

農業経営・就農支援センターの業務を教えて下さい。

　農業経営・就農支援センターでは、次に掲げる業務を行います。

①　農業経営に関する援助（農業経営の改善、円滑な継承及び法人化（委託を受けて農作業を行う組織の設立を含む。）のために必要な助言・指導等）

②　就農等に関する援助（就農等希望者やこれらの希望者を雇用しようとする農業者等からの相談対応及び情報提供、必要な情報の収集等）

③　就農等希望者の市町村等への紹介等の援助（就農等希望者の希望に応じた市町村等の関係者への紹介、就農等のために必要な調整等）

問020

基本方針の「農用地の利用集積に関する目標」の事項が拡充され、「その他農用地の効率的かつ総合的な利用に関する目標」が追加されましたが、何を定めるのでしょうか。同様に、基本構想の同じ事項では、何を定めるのでしょうか。

一、基本方針

効率的かつ安定的な農業経営が地域の農用地の利用に占めるべき面積の割合をおおむね十年後を見通して記述します。これに加えて、農用地の利用の効率を上げて生産性を高め、地域全体で農用地が適切に使われるようにする観点から、新たに農用地の集団化（集約化）の考え方を、おおむね十年後を見通して記述するものとします。この場合、農用地の利用には、従前同様、利用権の設定等を受けたもののほか、水稲においては基幹三作業（耕起・代かき、田植え、収穫・脱穀）のすべてを受託している面積、その他の作目においては主な基幹作業を受託している面積を含めるものとします。

また、目標については、都道府県全域での設定に加え、平場地域、中山間地域等、地域の特性に即して設定することも可能です。

なお、育成すべき経営の数の目標は、これらの農業経営が農業生産の相当部分を担うような農業構造の確立を示す一つの指標とも考えられるので、必要に応じて以上の考え方と併せて参考として掲げることも有益です（基盤強化法基本要綱別紙１の第４）。

二、基本構想

(1) 効率的かつ安定的な農業経営を営む者に対する農用地の利用集積に関する目標

都道府県の基本方針と同様に記述します。

(2) その他農用地の効率的かつ総合的な利用に関する事項

地域全体で農用地の利用関係の調整を行うため、市町村全体及び地域ごとに、農用地の利用の状況、営農活動の実態等の現状、それらを踏まえた今後の農地利用等の見通し、認定農業者等への農用地の利用集積、地域における農用地の集団化（集約化）など将来の望ましい農地利用の在り方、また、これを実現するための具体的な取組の内容、関係機関及び関係団体との連携などについて具体的に記述します（基盤強化法基本要綱別紙２の第４）。

Ⅲ　農地中間管理機構特例事業

問021

農地中間管理機構特例事業の内容はどのようなものですか。

答

農地中間管理機構特例事業とは、農業経営の規模拡大、農地の集団化その他農地保有の合理化を促進するため、営利を目的としない公的機関（農地中間管理機構）が農地の中間保有機能を活用して行う次の四つの事業です。

①農地売買等事業（借り入れを除く）（問024参照）
②農地売渡信託等事業（問025参照）
③農地所有適格法人出資育成事業（問026参照）
④研修等事業

一般に農地の相対取引では、売買の時期や面積が一致しないことや、相手によっては売りたくない、貸したくないという意識がある、一筆ごとの取引になり経営地が分散しがちである等の問題がありますが、農地中間管理機構特例事業を活用し農地中間管理機構が規模縮小農家の農地を一定期間保有し、担い手等に貸し付け、その後も再配分（中間保有機能）することにより、これらの問題を解消することができることが農地中間管理機構特例事業の特徴です。農地中間管理機構はこのような機能を有するため、自らは耕作しないものの例外的な農地取得が認められています。

都道府県知事は、農地保有の合理化を促進する必要があると認めるときは、農業経営基盤強化促進基本方針に、農地中間管理機構特例事業（法第七条）の実施に関する事項を定めることとなっています（法第五条第三項）。

問 022

農地中間管理機構とはどういう法人ですか。

農地中間管理機構とは、農地中間管理事業を実施する法人として農地中間管理事業の推進に関する法律に位置づけられているもので、一般社団法人又は一般財団法人が農地中間管理機構になることができます。

農地中間管理機構は、農用地の利用の効率化及び高度化の促進を図るための事業を行うことを目的とする一般社団法人又は一般財団法人（一般社団法人にあっては地方公共団体が総社員の議決権の過半数を有しているもの、一般財団法人にあっては地方公共団体が基本財産の額の過半を拠出しているものに限る）であって、農地中間管理事業の推進に関する法律に基づき、その申請により、都道府県に一を限って、都道府県知事が、指定することができる法人です。

農地中間管理機構として指定を受けるためには次の基準に適合する必要があります。

ア　職員、業務の方法その他の事項についての農地中間管理事業に係る業務の実施に関する計画が適切なものであり、かつ、その計画を確実に遂行するに足りる経理的及び技術的な基礎を有すると認められること。

イ　役員の過半数が、経営に関し実践的な能力を有する者であると認められること。

ウ　農地中間管理事業の運営が、公正に行われると認められること。

エ　農地中間管理事業以外の事業を行っている場合には、その事業を行うことによって農地中間管理事業の公正な実施に支障を及ぼすおそれがないものであること。

オ　その他農地中間管理事業を適正かつ確実に行うに足りるものとして農林水産省令で定める基準に適合するものであること。

問023

農地中間管理機構特例事業規程とはどのようなものですか。

答

　農地中間管理機構が農地中間管理機構特例事業を実施する場合、農地中間管理機構特例事業規程を定め都道府県知事の承認を受けなければなりません（法第八条）。

　規程では、農地売買等事業、農地売渡信託等事業、農地所有適格法人出資育成事業、研修等事業のそれぞれの事業について、農地中間管理機構が農用地等を取得、管理、処分等をする場合の基準等が定められています。具体的には、例えば農地売買等事業であれば、農用地等の買い入れの際の原則、農用地等の買い入れの基準、価格に関する事項などが定められています。

　また、令和四年の改正基盤法を受け、規程では新たに、事業実施の基本方針として、地域計画の区域において特例事業を実施する場合は、当該計画の達成に資することとなるように実施することを定めるものとされ、さらに農地売買等事業の実施原則として、地域計画の区域において実施する場合は、当該計画の達成に資することとなるように行うものとすること等を定めるとされています（処理基準別添2第一条第三項、第七条）。

　この他各事業に共通する事項として、都道府県農業委員会ネットワーク機構（農業会議）、農業委員会等の関係機関及び関係団体との連携に関する事項、実施区域や対象土地等の実施方法に関する事項が定められています（省令第八条）。

問024　農地中間管理機構が行う農地売買等事業とはどのようなものですか。

答

農地売買等事業（基本要綱第9・4(1)）は農地中間管理機構特例事業の中心をなすもので、農業経営の規模の拡大、農地の集団化等その他農地保有の合理化を促進する等効率的かつ安定的な農業経営の育成に資するため、農地中間管理機構が農地を買い入れて、当該農地を売り渡し、交換し、又は貸し付ける事業です。

この際、売渡し等の相手方は、地域計画の区域内においては、地域計画において位置付けられた農業を担う者に限られ、その他の区域においては認定農業者等一定の要件を満たす規模拡大農家とされています。

なお、農地売買等事業のうち借り受けて貸し付ける事業については、農地中間管理事業で実施されるため、特例事業からは除かれています。

この事業により、農地中間管理機構が農地を中間保有・再配分することにより、次のような効果を発揮し円滑な経営規模の拡大、農地の流動化が図られます。

①　受け手農家が現れるまで中間保有し、当面受け手がいない優良農地を確保することができる。
②　公的機関が介入することにより、相対取引に伴うトラブルを回避することができる。
③　複数の出し手から農地を一括して引き受け、受け手農家を担い手農家に絞ることにより、その規模拡大と農地の連坦化を効率的に進めることができる。
④　受け手農家は、一定期間借り入れた後に農地を買い入れることにより規模拡大の際の初期負担の軽減、経営安定後の農地の取得が可能になる。

なお、本事業を促進するため、農地中間管理機構に対し、農用地等の買い入れのための債務保証資金の貸し付け、助成等を行う支援法人が法律上位置づけられています（法第十一条の二）。

令和四年度には、売買事業により六、五五三ヘクタールの買い入れが行われています。

農地売買等事業の流れ

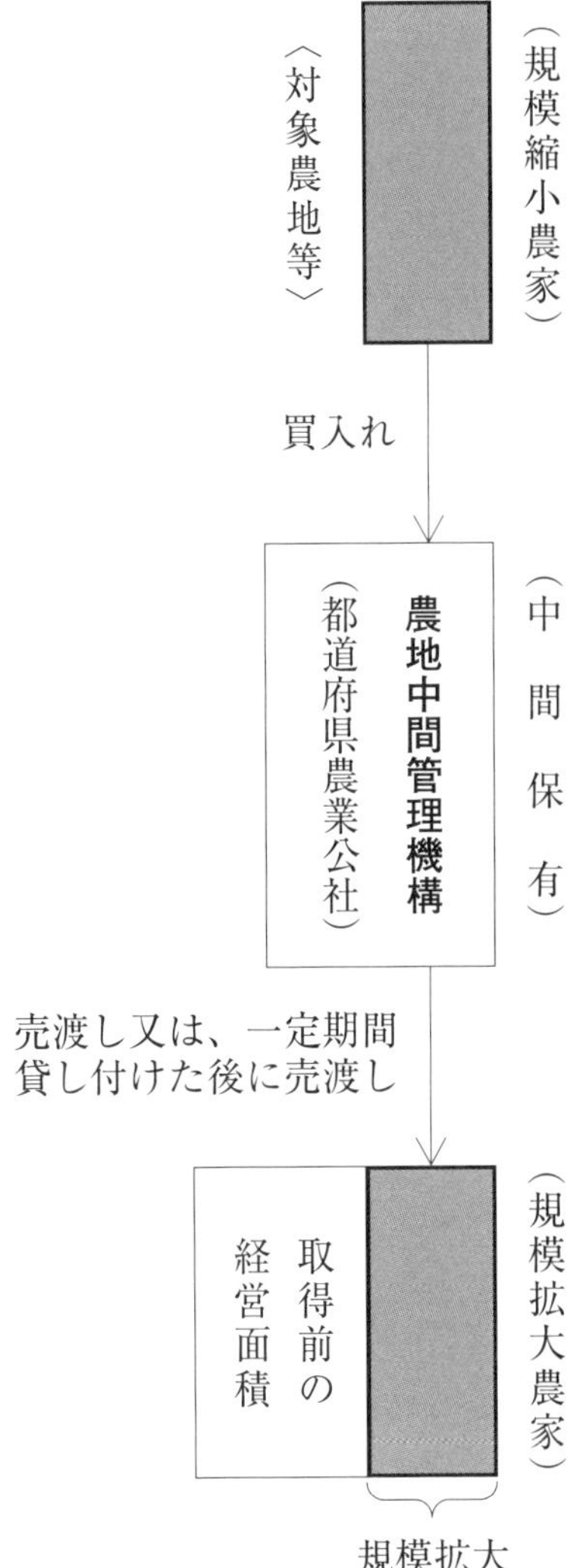
（規模縮小農家）
〈対象農地等〉
買入れ
（中間保有）
農地中間管理機構
（都道府県農業公社）
売渡し又は、一定期間
貸し付けた後に売渡し
（規模拡大農家）
取得前の
経営面積
規模拡大

問025

農地売渡信託等事業とはどのようなものですか。

答

農地売渡信託等事業（基本要綱第9・4(2)）は、売買差損の発生のため農地の売買による事業では対応しにくい農地価格の下落地域等において農地売買等事業を補完し、離農農家、規模縮小農家が保有する優良農地を担い手に再配分するため、農地中間管理機構が農用地の売渡信託を引き受け、当該売渡信託の委託者に対して農地価格の一部に相当する額を無利子で貸し付ける事業です（次頁の農地売渡信託等事業の流れ参照）。

信託の期間は五年以内とされ、無利子貸し付けの額は信託財産の評価額の七割を限度とすることとされています（処理基準（別添1）(2)）。

農地売渡信託等事業の流れ

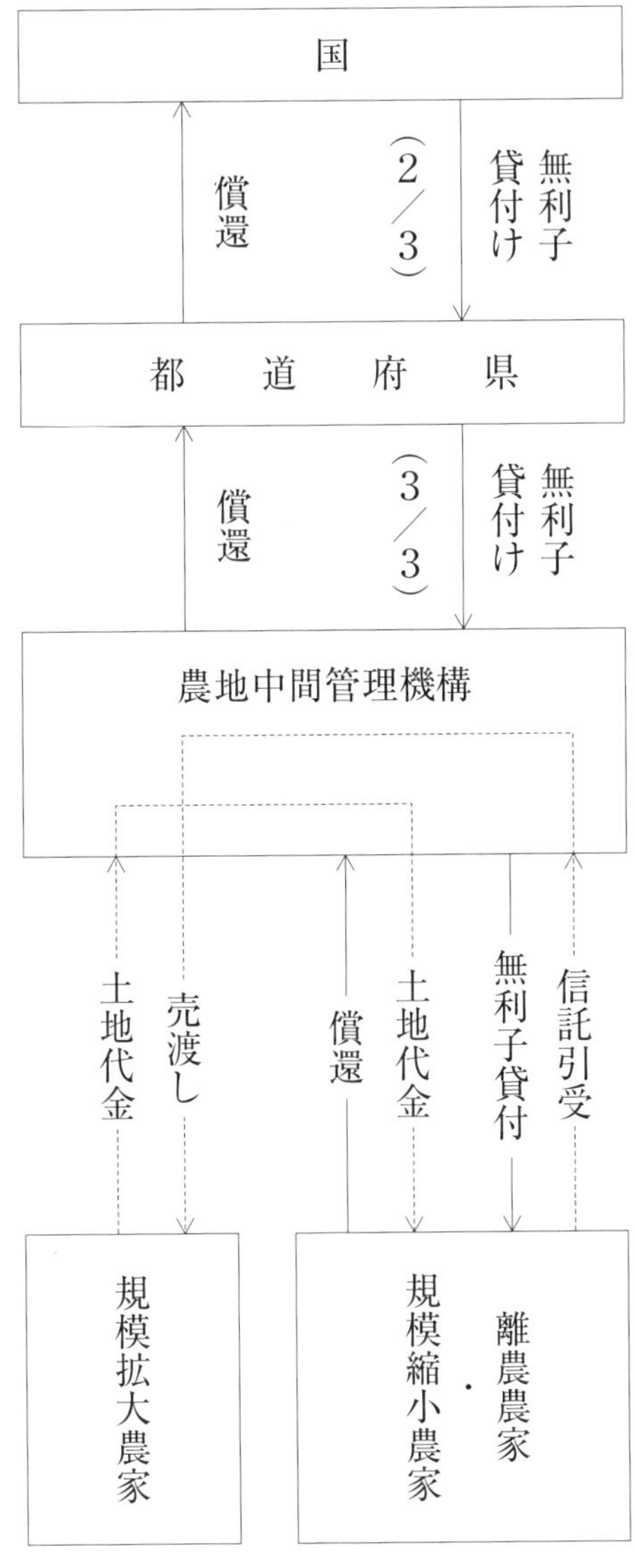

問026

農地所有適格法人出資育成事業とはどのようなものですか。

　農地所有適格法人出資育成事業（基本要綱第9・4(3)）は、農地所有適格法人の自己資本の充実と経営規模の拡大を図るため、農地所有適格法人に対して農地売買等事業により買い入れた農用地等の現物出資を行い、その出資に伴い付与される持分又は株式のすべてを当該農地所有適格法人の他の構成員に計画的に譲渡する事業です。

　この事業により出資を受ける農地所有適格法人は次の要件をすべて満たす必要があります。

①　当該農地所有適格法人は、認定農業者又は認定農業者になることが確実であること

②　農地法第二条第三項各号に規定する農地所有適格法人の要件を具備していること

③　農地中間管理機構からの出資について、定款に記載されることや検査役の調査等を受けることが必要な場合は当該調査等を受けること、その他農協法又は商法に定める手続きがとられているかとられることが確実と認められること

　なお、農地所有適格法人への出資については、当該法人の議決権の二分の一を超えないようにするという制限があります（処理基準（別添1）(3)）。

農地所有適格法人出資育成事業の流れ

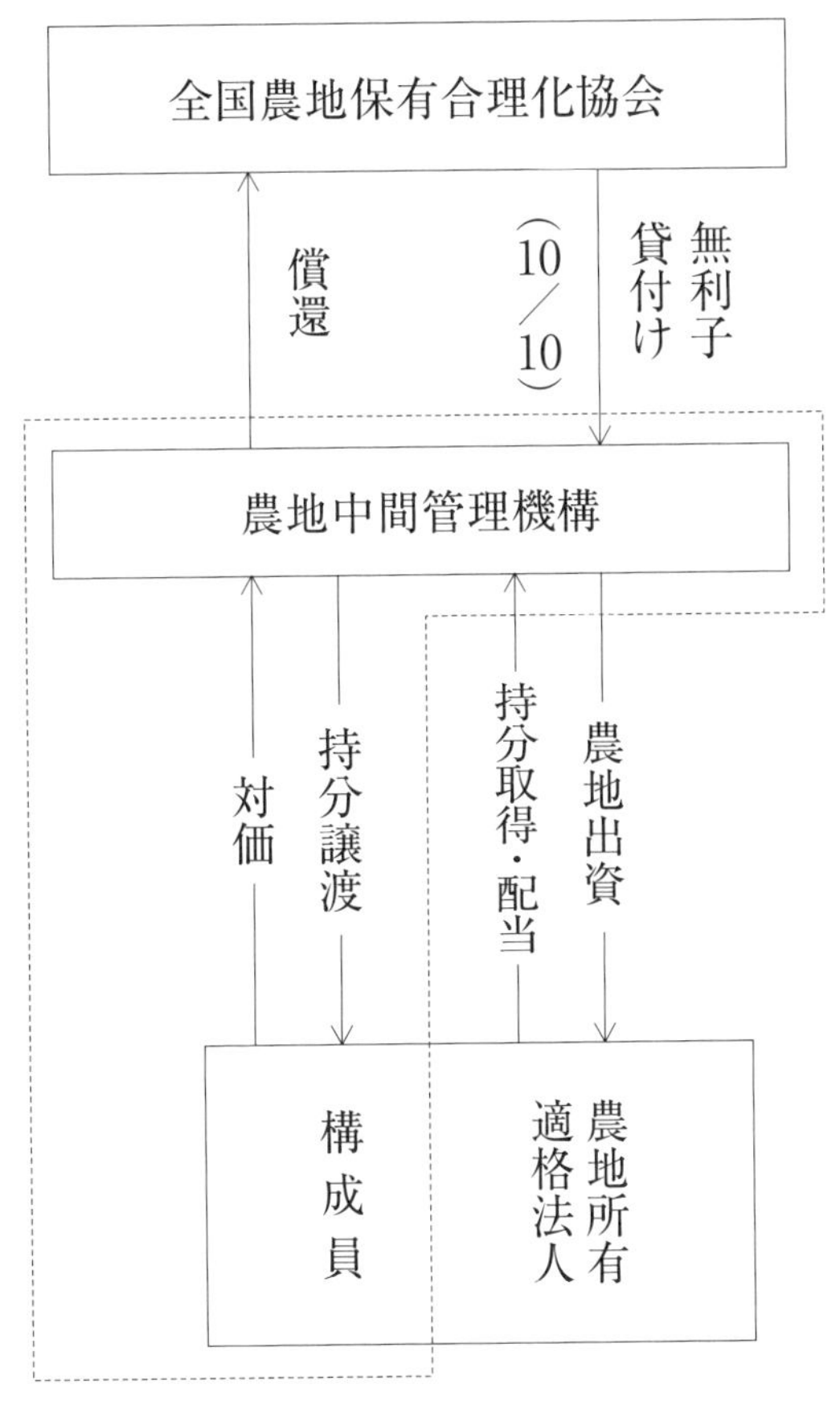

問 027

農用地利用集積計画は、農地中間管理機構の農用地利用集積等促進計画に統合されましたが、農地中間管理機構が行う農地売買等事業は今後、どのような手続きで行われることになるのでしょうか。

答

一、一部改正法による農地中間管理事業法改正で、旧基盤強化法による市町村策定の農用地利用集積計画と旧農地中間管理事業法による農地中間管理機構策定の農用地利用配分計画を統合し、今後は新農地中間管理事業法に基づき、農地中間管理機構が農用地利用集積等促進計画を定めることとされました。この結果、農地中間管理機構は従前のように市町村策定の農用地利用集積計画により特例事業の農地売買等事業を実施することができなくなりました。このため、新基盤強化法では、特例事業を行う農地中間管理機構は農用地利用集積等促進計画に特例事業に関する事項として、農用地等の所有権移転に関する事項を含めることができる措置が講じられました（法第十四条第二項）。

二、これにより、特例事業を行う農地中間管理機構は、農用地利用集積等促進計画で、農地中間管理権の設定等、賃借権の設定等、農作業の受委託に加えて、所有権の移転を行うことができることとなりました。

問 028

地域計画区域内の土地において特例事業を実施する場合の留意点は何でしょうか。

答

農地中間管理機構が地域計画の区域において特例事業を実施する場合は、その事業実施規程に「当該地域計画の達成に資することとなるように実施しなければならない」ことを定める必要があります（処理基準第２の２⑵）。

また、農地売買事業の農用地等の売渡しの相手方については、地域計画の区域において、農地中間管理機構が売り渡そうとする農用地等に農業を担う者が位置づけられている場合には、売り渡しの相手方はその者に限るものとされます（処理基準（別添１）⑴アの㋐）。

問 029

地域計画区域以外の土地においても、農地中間管理機構は特例事業を実施することができますか。

農地中間管理機構が行う特例事業は、特例事業を位置づけている基本方針において事業実施地域（都市計画法の市街化区域を除く。）で実施すると定められていること

から、地域計画区域外の土地においても、機構は特例事業を実施することができます。

Ⅳ　旧農地利用集積円滑化事業

問 030

旧農地利用集積円滑化事業が農地中間管理事業に統合された理由について教えてください。

答

一、旧農地利用集積円滑化事業は、平成二十一年の基盤強化法改正により創設されました。事業発足後、旧農地利用集積円滑化事業は地域の有力な農用地利用調整手法として、一定の実績をあげてきました。しかし、平成二十五年に農地中間管理事業法が制定され、翌年同法に基づく農地中間管理機構が各都道府県で整備されると、旧農地利用集積円滑化事業は一部地域を除き、その実績が大きく落ち込むようになりました。この事情として、農地中間管理機構発足後、全体的には、地域の意向として、農用地の利用調整について自発的に旧農地利用集積円滑化事業から農地中間管理事業への移行が進展したことがあります。その結果、旧農地利用集積円滑化事業の実績は、ピーク時の三分の一程度まで減少をみました。

二、こうした事情に加えて、地域の農用地利用調整手法を複雑と感じる担い手が多数いることもあり、令和元年の基盤強化法改正において、農地の集積・集約化を支援する体制の一元化を図ることを目的に、農地利用集積円滑化事業について農地中間管理事業に統合・一体化する措置が講じられました。

問 031

旧農地利用集積円滑化事業の農地中間管理事業への統合・一体化により農地の集積・集約化機能が低下するおそれはないのでしょうか。

答

そのようなおそれが生じないよう、旧農地利用集積円滑化事業について、次の措置を講じた上で、農地中間管理事業に統合・一体化することとされました。

① 農地中間管理機構が農用地利用配分計画案の提出等の協力を求める者に農用地の利用の促進を行う者であって市町村が指定するものを追加し、ブロックローテーションや新規就農の促進などで実績のある旧農地利用集積円滑化団体が配分計画の案を作成できることとなりました（旧農地中間管理事業法第十九条、旧農地中間管理事業法施行規則第十六条）。

※　一部改正法による農地中間管理事業法改正で、市町村が定める農用地利用集積計画と農地中間管理機構が定める農用地利用配合計画を統合し、農地中間管理機構は農用

地利用集積等促進計画を定めることとされました。実績のある旧農地利用集積円滑化団体は、この農地利用集積等促進計画案の提出等の協力を求める者として位置づけられております（改正農地中間管理事業法第十九条、改正農地中間管理事業法施行規則第十八条）。

② 農地中間管理機構の事業実施区域を、旧農地利用集積円滑化事業と同様に「市街化区域以外の区域」とする（農地中間管理事業法第二条第三項）。

③ 農地中間管理機構が旧農地利用集積円滑化団体の契約関係を簡易な手続きで承継できるようにする（令和元年改正法附則第四条）。

④ 統合・一体化作業の円滑な実施を確保するため、統合・一体化関係の改正事項（一部を除く）の施行期日が公布日（令和元年五月二十四日）から一年三月以内とされ、十分な移行期間が設けられました。

問032

改正農業経営基盤強化促進法の施行による農地利用集積円滑化事業に関する規定の失効後、現に農地利用集積円滑化団体が実施中の事業等はどうなりますか。

統合・一体化を定める改正法の施行の際（令和二年四月一日）、現に存する改正前の農業経営基盤強化促進法（令和元年改正前の「旧基盤強化法」）に規定する農地利用集積円滑化団体（「旧円滑化団体」）に関し、旧円滑化団体が実施中の事業実施、保有する権利義務の承継等に支障が生じないよう次の経過措置が定められました（令和元年改正法附則第三条）。

(1)　旧円滑化団体の事業、資格等関係

①　旧円滑化団体が農地売買等事業のために買い入れた農用地等については、速やかに売り渡すものとし、売り渡しまでの間における当該農用地等に係る当該農地売買等事業については、なお従前の例による（同条第一項）。

②　旧円滑化団体が農地売買等事業のために借り受けた農用地等に係る当該農地売買等事業（現に当該農用地等を貸し付けているものに限る）については、当該農用地等の貸し付けに係る契約の期間満了までの間は、なお従前の例による。ただし、農地売買等事業

に係る権利及び義務（当該農地売買等事業のために借り受け、現に貸し付けている農用地等に係るものに限る）が改正法附則第四条第三項の規定により旧円滑化団体から農地中間管理機構に承継されたときは、この限りでない（同条第二項）。

③　旧円滑化団体が行っている土地改良事業及び旧円滑化団体が参加している土地改良事業についての旧円滑化団体が参加する資格については、なお従前の例による。ただし、②の農地売買等事業に係る権利及び義務が改正法附則第四条第三項の規定により旧円滑化団体から農地中間管理機構に承継されたときは、この限りでない（同条第三項）。

④　特定農地貸付法関係についても、同様の規定が定められています（詳細略）（同条第四項）。

⑵　旧円滑化団体の契約関係の機構への簡易手続きによる承継（令和元年改正法附則第四条）

①　旧円滑化団体は、統合・一体化を定める改正法の施行日（令和二年四月一日）から起算して三年を経過する日までの間において、関係の都道府県農地中間管理機構に対して、当該農地中間管理機構において農地売買等事業に係る権利及び義務（貸借権等）を当該旧円滑化団体から承継すべき旨を申し出ることができる。

②　農地中間管理機構は、⑵①の申し出を承諾したときは、その旨を公告しなければならない。

③　②の公告があったときは、農地売買等事業に係る権利及び義務は、当該公告の日において旧円滑化団体から当該農地中間管理機構に承継されるものとする。

（通常の事業譲渡、資産譲渡では個々の契約を引き継ぐこととなりますが、本手続きでは公告の効果として、権利及び義務関係が一括移転します）

問033

旧円滑化事業は令和元年に廃止され、農地売買等事業については附則で経過措置が定められましたが、農地所有者代理事業については経過措置等の手当てがされていません。地域によっては、旧円滑化団体等が所有者代理事業を実施している事例がみられます。法的に問題ないのでしょうか。

農地所有者代理事業は、旧円滑化団体等が農用地等の所有者の委任を受けて、その者を代理して農用地等について売渡し、貸付又は農業の経営若しくは農作業の委託を行いますが、農地の権利移動に係る契約は所有者と耕作者が直接契約するものであることから、農地売買等事業のように経過措置等の法の定めがなくとも、民間の委託契約と同様の扱いにて事業は実施されるものと考えます。

V　認定農業者制度

問034

農業における経営体育成のポイントとなる農業経営改善計画の認定制度とは、どのような内容ですか。

一、認定制度のねらいと意義――やる気のある農業者を応援

農業における担い手不足が深刻化するなか、農業の健全な発展と活力のある農村の形成を図るためには、農業を職業として選択し得る魅力とやり甲斐のあるものとし、効率的かつ安定的な農業経営が、農業生産の相当部分を担う農業構造の確立を図ることが必要です。農業経営改善計画の認定制度（認定農業者制度）は、こうした課題を解決するための中核的施策として位置づけられています。

この認定制度は、市町村（複数の市町村で農業を営む場合は、複数の市町村の区域が一の都道府県の区域内にある場合は都道府県知事、その他の場合は農林水産大臣（複数の市町村の区域が一の地方農政局長の管轄する区域内のみにある場合には、当該地方農政局長））が効率的で安定した魅力ある農業経営を目指す農業者が自ら作成する農業経営改善計画（五年後の経営目標）を基本構想に照らして認定し、その計画達成に向けて様々な支援措置を講じていこうとするものです。同時に、農業者の方々には、認定を受けることで、誇りと意欲を持って経営の改善・発展に取り組む姿勢を内外にアピールし、経営者としての自覚を自ら高めていくことを期待しています。

二、認定の対象者

認定農業者制度は、プロの農業経営者として頑張っていこうという農業者を幅広く育成していくためのものです。したがって、農業を職業として選択していこうとする意欲ある人であれば、①性別（女性農業者も認定対象となるし、夫婦等の共同申請も認められます）、②年齢（年齢制限は設けていません）、③専業兼業の別（今後、プロの農業経営者を目指すものであれば認定対象となります）、④経営規模の大小（目標所得を目指せばよく、経営規模は問いません）、⑤営農類型（農地を所有しない農業経営や経営指標に定められていない経営等も認定対象）、⑥法人形態（農地所有適格法人以外の農業を営む法人も認定対象）、等にかかわらず認定の対象となります。

認定農業者制度の普及推進に当たっては、この点を十分理解して意欲ある農業者への積極的な認定申請の働きかけを行うことが大切です。

三、農業経営改善計画の作成と申請

農業経営改善計画の認定を申請する者（以下「認定申請者」という。）が作成する農業経営改善計画には、おおむね五年後を目指した①農業経営規模の拡大、②生産方式の合理化、③経営管理の合理化、④農業従事の態様の改善など大きく四つの目標と目標達成のための措置を記載します。なお、計画の作成に当たっては、基本的にこの四つの項目を内容として作成します（申請書の様式は基本要綱の（参考1））。

また、経営改善計画には、認定申請者が関連事業者等と連携して行う経営改善のための措置を含めることができます（基本要綱別紙3）。

なお、農業経営改善計画の申請は、基本的には農業経営を営む市町村で行うことになりますが、複数の市町村で農業を営む場合は、それぞれの市町村に申請せずに、複数の市町村の区域が一の都道府県の区域内にある場合は都道府県知事、その他の場合は農林水産大臣（複数の市町村の区域が一の地方農政局長の管轄する区域内のみにある場合には、当該地方農政局長）に申請を行います。

四、認定の基準（法第十二条第五項、省令第十四条、基本要綱（別紙4、別紙4の2））

農業経営改善計画の認定は、①その計画が関係市町村（経営改善計画で農業経営を営み、又は営もうとすることとされている全ての市町村）の基本構想に照らして適切であること（法第十二条第五項第一号）、②その計画が農用地の効率的かつ総合的な利用を図るために適切であること（同項第二号）、③その他省令で定める基準に適合するものであること（同項第三号、省令第十四条第一項）の三つの要件にあてはまる場合に行うことになります。

また、その際の具体的な認定基準は基本要綱別紙4に掲げるとおりですが、その概要は次のとおりです。

なお、令和四年改正基盤法で措置された農業用施設の整備に関する事項が記載された経営改善計画の取扱いについては、別紙4の2に掲げるとおりです（問075、076）。

①の要件は、認定申請のあった農業経営体の営農活動全体から得られる所得に基づいて、基本構想で設定した目標に適合するかを判断します。なお、部門別の規模を考慮する必要はありません。

②の要件は、計画が地域における農用地の効率的かつ総合的な利用を図るために適切なものである必要があります。当該認定基準に該当すると認められない場合として、例えば、地域がブロックローテーションに取り組んでいる際にこれに参加しないなど、農業経営に供される農用地の利用が、作付地の集団化、農作業の効率化等に配慮されていない場合があります。

(ア)　①の要件のうち、計画達成の見込みの確実性は、計画における経営改善の目標について、農業経営の現状、経営規模、生産方式等の当該計画に掲げられた各事項間の整合性、農業労働力の確保の実現性等をもとに、その達成の確実性を総合的に審査します。

(イ)　農地所有適格法人が作成する経営改善計画に盛り込まれた措置として関連事業者が農地所有適格法人に出資する場合には、農業経営の安定確保に支障とならないことと、関連事業者の出資割合が二分の一以上とならないことの要件を満たすことが必要、また、この判断については農業委員会の意見を聴かなければならないこととされています（省令第十四条第一項第二号、第二項）。

なお、審査に当たっては、関連事業者等が法人である場合には、当該法人の定款又は寄附行為の写し、株主名簿又は社員名簿の写し、財務諸表その他市町村において必要と認めた資料の提供を求め、当該法人の事業の内容や財務状況の健全性等について審査する必要があります。

(ウ)　子会社である農地所有適格法人の経営改善計画に関連事業者等（親会社である農地所有適格法人に限ります）の役員を自社の役員として兼務させることが含まれる場合、(ア)親会社である関連事業者等が当該子会社の議決権の過半を有していること、(イ)親会社である関連事業者等が農地所有適格法人であること、(ウ)当該子会社の役員として兼務する役員（以下「兼務役員」といいます）が、親会社である関連事業者等の行う農業に常時従事する者（農地法第二条第三項第二号ホに規定する常時従事者をいいます）であり、かつ、当該関連事業者等の株主であること、(エ)兼務役員が、当該子会社の行う農業に年間三十日以上従事することの要件を満たすことが必要です。また、この判断については農業委員会の意見を聴かなければならないこととされています（省令第十四条第一項第三号、第二項）。

なお、関連事業者等が申請に係る市町村等以外の市町村等により経営改善計画の認定を受けている場合には、当該市町村等及び農業委員会と連携し、これらの事実関係を確認する必要があります（基本要綱（別紙4）第3・3⑵）。

五、関係市町村の意見聴取

都道府県知事及び農林水産大臣は、認定をしようとするときは、関係市町村に当該認定に係る経営改善計画の写しを送付して意見を聴くものとします。この場合、当該市町村は、基本構想に照らして適切なものであること等の認定要件に則して適当か否かを判断し、都道府県知事又は農林水産大臣に意見を述べるものとします。この際、認定が適当でない旨の意見を述べる場合は、その理由を併せて示すこととします。

なお、都道府県知事又は農林水産大臣が認定した経営改善計画については、既に関係市町村の認定要件に適合していることが確認されているものであることから、当該経営改善計画を変更し、関係市町村を追加する場合には、当該関係市町村のみに意見を聴けば足り、既に意見を聴いている関係市町村からあらためて意見を聴く必要はありません（基本要綱第6・4⑵）。

問035

認定農業者制度を活用する農業者に対しては、どのようなことを期待しているのですか。

(1)　認定農業者制度は、経営感覚に優れた効率的かつ安定的な農業経営を育成しようとするものですが、同時に次のようなことも期待しています。

認定を受けることによって、誇りと意欲を持って経営の発展に取り組む姿勢を内外にアピールし、経営者としての自覚を高めていただくことを期待しています。

認定農業者に講じられる様々な支援措置は、このような農業者の自覚があってこそ活かされてくるものと考えられます。

(2)　経営の発展は、まず自己の経営の現状と課題を明らかにし、新たな目標を立てることから始まります。今後の経営の発展プロセスを単に頭の中だけでなく、農業経営改善計画という形で具現化し、これを実行に移すわけですが、この計画を現実のものとしてできるかどうかはまず第一に経営者である認定農業者の努力にかかっているわけであり、あくまでこれを側面から手助けするのが様々な支援措置なのです。

問 036

市町村等や関係機関・団体は、どのような認識で認定農業者制度を推進していけばよいですか。

市町村等や関係機関・団体は、今日の農業経営の担い手不足に対応し、将来にわたって地域の農業を維持発展させてくれる担い手を確保するために、地域農業のあるべき姿を見定め、農業経営や農業構造の目標を明確にし、支援の対象を浮き彫りにしていく必要があります。

これらの目標を具体的な計画としてまとめたものが基本構想ですが、これを単なる構想に終わらせないためにも、基本構想で示した担い手育成の趣旨やプロセスを農業者に十分理解していただいた上で、地域の話し合いを尊重しながら認定農業者制度を推進していくことが重要です。

また、認定農業者は地域の農地利用の担い手として期待されているところであり、地域の五年後、十年後の農地を誰が担っていくのか、人・農地プランを法定化し、地域での話し合いにより目指すべき農地利用の姿を明確化する地域計画（目標地図）における地域の農業を担う者として認定農業者を積極的に位置付ける必要があります。

（支援措置）

問037

認定を受けた農業者に対しては、どのような支援措置があるのですか。

答

農業経営改善計画の認定を受けた農業者に対しては、次のような支援措置が用意されています。

◇認定農業者に対する支援措置◇

◎金融

○農業経営基盤強化資金
通称「スーパーL資金」…使途→農地や機械施設投資等の長期資金
利率→〇・七〇～一・一〇％（※特例〇％）（令和五年十二月十八日現在）
（注）金融情勢により変動します。最新の金利は融資機関に照会してください。
貸付限度額→個人三億円（特認六億円）、法人十億円（特認三十億円）

償還期限二十五年（うち措置期間十年）以内
※目標地図に農業を担う者として位置づけられた等の認定農業者が借り入れる本資金（負債整理等長期資金は除く）については、（公財）農林水産長期金融協会からの利子助成により、貸し付け当初五年間は実質無利子
○農業経営改善促進資金
通称「スーパーS資金」…使途↓肥料や飼料購入等の短期運転資金
利率↓変動金利制
融資限度額↓認定農業者…個人五百万円、法人二千万円（畜産・施設園芸はそれぞれ四倍）
○農業近代化資金
使途↓農業用機械・施設等の改良、取得等の中長期資金及び長期運転資金
利率↓一・一〇％（令和五年十二月十八日現在）
認定農業者に関する特例↓〇・七〇～〇・九五％※（令和五年十二月十八日現在）
※これとは別に、規模拡大、農産物輸出等攻めの経営展開に取り組む者であって目標地図に位置づけられた等の認定農業者は、前述の利子助成により、貸し付け当初五年間は実質無利子

（注）金融情勢により変動します。最新の金利は融資機関に照会してください。
融資限度額↓個人一千八百万円、法人二億円
償還期限↓資金使途に応じ七年～二十年（うち措置期間二年～七年）以内

◎税制

○農業経営基盤強化準備金制度

認定農業者（個人・農地所有適格法人）認定新規就農者及び特定農業法人が積み立てる農業経営基盤強化準備金を必要経費（損金）に算入できる。

①　農業者が、経営所得安定対策などの交付金を農業経営改善計画などに従い、農業経営基盤強化準備金として積み立てた場合、この積立額を個人は必要経費に、法人は損金に算入できます。

②　さらに、農業経営改善計画などに従い、五年以内に積み立てた準備金を取り崩したり、受領した交付金をそのまま用いて、農地や農業用機械等の固定資産を取得した場合、圧縮記帳できます。

（注一）この特例の適用を受けようとする場合には、一定の方法で記帳し、青色申告

により確定申告（初年は税務署に事前に届け出）をする必要があります。

（注二）積み立てた翌年（度）から五年を経過した準備金は、順次、総収入金額（益金）に算入され、課税対象となります。ただし、算入された年（度）内に対象固定資産を取得すれば、必要経費（損金）に算入できます。

○農地の譲渡に係る特例措置

①　八百万円の特別控除

ア　勧告に係る協議、調停又はあっせんにより譲渡した場合

イ　農地中間管理機構に譲渡した場合

ウ　農用地利用集積等促進計画により譲渡した場合

（ア及びウの譲渡先は、認定農業者等意欲ある農業者であり、イの農地中間管理機構は目標地図に位置づけられた認定農業者等に優先的に売り渡し、貸し付け）

②　一千五百万円の特別控除

農用地区域内の農地を買入協議に基づき農地中間管理機構に譲渡した場合、譲渡所得について一千五百万円の特別控除が認められる（農地中間管理機構は目標地図に位置づけられた認定農業者等に優先的に売り渡し、貸し付け）。

③　二千万円の特別控除

一定の事項が定められた地域計画の特例に基づき、地域計画の特例の区域内の農

地を農地中間管理機構に譲渡した場合、譲渡所得について二千万円の特別控除が認められる（農地中間管理機構は目標地図に位置づけられた認定農業者等に優先的に売り渡し、貸し付け）。

◎農地利用等集積支援

○機構集積協力金交付事業
目標地図の実現に向けて、機構を活用した担い手への農地集積・集約化等に取り組む地域に対して次の協力金を交付します。
①まとまった農地を農地中間管理機構に貸し付けた地域に支払う「地域集積協力金」、②機構からの転貸又は機構を通じた農作業受託により、農地の集約化に取り組む地域に支払う「集約化奨励金」、③機構に農地を貸し付けて離農等をした農地所有者等に支払う「経営転換協力金」。

◎農地中間管理機構特例事業（基盤強化法第七条）
○農地売買等事業（基盤強化法第七条第一号）
農地中間管理機構による農地の買い入れ及び担い手への売り渡し・貸し付け

○農地所有適格法人出資育成事業（基盤強化法第七条第三号）
　農地中間管理機構が認定農業者である農地所有適格法人に農用地を現物出資
　農地売買等事業等により売り渡し、交換し、若しくは貸し付けた農用地等又は前述の現物出資に係る農用地等を利用して当該農地所有適格法人が行う農業経営の改善に必要な資金の出資を行い、その持分を法人の構成員に計画的に譲渡

◎その他

○農地利用効率化等支援交付金
　目標地図に位置づけられた者等が、地域が目指すべき将来の集約化に重点を置いた農地利用の姿の実現に向けて経営改善に取り組む場合、必要な農業用機械等施設の導入を支援
　補助率　融資残額のうち事業費の３／10以内
　　補助上限額　三百万円以内（一定の要件に該当する場合には、補助上限額を引上げ）

○経営所得安定対策
　販売価格が生産費を恒常的に下回っている作物を対象として、その差額を交付する

ことにより、農業経営の安定と国内生産力の確保を図るとともに、麦、大豆等への作付転換を支援

○農業者年金制度
　認定農業者に対する特例保険料の適用と保険料の助成
　青色申告者である等の要件を満たす認定農業者には通常保険料の下限額（月額二万円）を下回る特例保険料を適用し、下限額との差額を助成
（保険料の助成額の例）
　三十五歳未満：：月額一万円
　三十五歳以上：：月額四千円

問038

農業委員会による農用地の利用集積の支援は、どのような仕組みで行われるのですか。

一、この支援措置の内容は、農地等の利用の最適化の推進を主たる使命とする農業委員会が、認定農業者又は認定新規就農者や農用地の所有者からの申し出があった場合に

は、当該申出の内容（当該申出の内容が地域計画の地域内の農用地に係るものである場合には、当該申出の内容及び地域計画の内容）を勘案して、認定農業者（認定新規就農者）が経営改善計画（青年等就農計画）に記載された農業経営の規模を計画に掲げる目標年度までに達成できるよう、基盤強化法に基づく事業及び農地中間管理事業を活用し、認定農業者等に対する農用地の集積が進むよう積極的に農用地の利用関係の調整に努めるものとされています（基本要綱第6の10、第7の11）。

二、農用地の利用関係の調整とは、農用地の利用権等の出し手の掘り起こし、権利関係の調整、関係権利者の同意の取り付け等のほか、これに必要な農地情報の収集等の諸活動を指します。

問039

スーパーL資金は、どのような資金ですか。

答

一、スーパーL資金（農業経営基盤強化資金）は、認定農業者が農業経営改善計画に即して規模拡大その他の経営展開を図るのに必要な長期低利資金を日本政策金融公庫から幅広く融資するものです。

二、資金使途は、次のとおり幅広いものとなっています。
(1)　農地等：取得のほか、改良、造成も対象となります。
(2)　施設・機械：農産物の処理加工施設、店舗などの流通販売施設も対象となります。
(3)　果樹・家畜等：購入費、新植・改植費用のほか、育成費も対象となります。
(4)　その他の経営費：規模拡大や設備投資などに伴って必要となる原材料費、人件費などが対象となります。
(5)　経営の安定化：負債の整理（制度資金を除く）などが対象となります。
(6)　法人への出資：個人が法人に参加するために必要な出資金等の支払いが対象となります。

三、貸付条件は、次の通り画期的なものとなっています。
(1)　貸付金利：〇・七〇～一・一〇％（特例〇％）（令和五年十二月十八日現在）
金融情勢により変動します。最新の金利は、融資機関に照会して下さい。
(2)　償還期限：二十五年（うち据置期間十年）以内
(3)　貸付限度額：個人三億円（特認六億円）
法人十億円（特認 民間金融機関との協調融資の状況に応じ三十億円）
このうち経営の安定化のための資金の融資限度額は個人六千万円（特認一億二千万円）、法人二億円（特認六億円）です。

四、借入申込手続き

(1)　認定農業者は、農業経営改善計画、同認定書（写し）及び農業経営改善計画の内容を資金面に投影した経営改善資金計画を作成し、農協、日本政策金融公庫等の窓口機関に提出します。

(2)　窓口機関は特別融資制度推進会議（事務局は市町村等）のメンバーに関係書類の写しを送付し、同推進会議は融資審査基準等に合致していることについて認定を行います。

特別融資制度推進会議の審査は、原則として借入申込案件に直接関係を有する構成員による文書持ち回り方式とする等により迅速化が図られることとされています（なお、これから認定農業者になろうとする方は、農業経営改善計画を作成し市町村等の認定を受ける必要がありますが、借入手続きと同時並行的に進めることができます）。

(3)　経営改善資金計画書が特別融資制度推進会議で認定されたら借入申込書を融資機関に提出します。

問040

スーパーL資金を借り入れる場合の担保・保証人の取り扱いはどうなっていますか。

一、スーパーL資金の融資に係る担保・保証人の取り扱いについては、融資機関等に対し、次のような配慮をお願いしているところです。

(1)　債権保全措置が形式的、慣行的にならないよう配慮することとし、貸金の借り入れが円滑に行われるよう、借入者の経営能力なども勘案の上、担保・保証人の徴求の弾力化に努めること

(2)　日本政策金融公庫と農業者の協議により、融資対象物件を中心とする物的担保又は農業信用基金協会による保証のいずれかとすることを基本とし、経営者以外の第三者の個人連帯保証については徴求しないことを原則とすること

(3)　担保物件の評価に当たっては、画一的な評価を行わず、近隣の類似物件の売買価格を勘案して適切に行うものとすること

二、このほか、提出した決算書等をもとに、企業経営診断手法（スコアリング手法）を活用し、一週間以内に無担保・無保証人融資の適用可否を回答する、一回あたりの融資が五百万円以下のクイック融資制度があります。

問041

スーパーＬ資金を借り入れる場合に作成される「経営改善資金計画」とはどのようなものですか。

答

認定農業者がスーパーＬ資金を借りる場合に作成する「経営改善資金計画」とは、認定を受けた農業経営改善計画を資金面に投影したもので、融資に当たっては、市町村、融資機関等からなる特別融資制度推進会議の認定を受ける必要があります。

特別融資制度推進会議では、経営改善資金計画が①農業経営改善計画に即しているかどうか、②農業経営改善計画が確実なものになるかどうか、③借入金の償還が確実に行われるかどうか等について審査します。

借入希望者が経営改善資金計画書の作成に当たり、助言・指導を必要とする場合には、融資機関及び関係機関（都道府県、市町村、農業委員会等）に相談することができます。

問 042

スーパーL資金の円滑化融資とはどのような内容のものですか。

　スーパーL資金の円滑化融資とは、担保徴求の緩和措置による無担保・無保証貸し付けをいいます。

　認定農業者の中には、より一層の経営改善を図ろうとしても、保有資産の担保価値の面から必ずしもスーパーL資金の融通が行われがたいケースがみられます。

　このため、スーパーL資金の貸し付けに係る担保については、その者の経営能力や経営状況等を積極的に評価することとし、認定農業者（個人・法人）に対し五百万円以内の範囲内で、無担保・無保証人で融資できるクイック融資制度があります。

クイック融資制度

　提出された決算書等をもとに、企業経営診断手法（スコアリング手法）を活用し、一週間以内に無担保・無保証人融資の適用の可否について回答します。

対 象 者：企業経営診断手法（スコアリング手法）による判定が一定水準以上等の者

貸付金の使途：農地等、施設・機械、果樹・家畜等、その他の経営費、法人への出資金

※経営の安定化（負債の整理等）はクイック融資制度の対象となりません。

利用限度額：一回あたりの融資額が五百万円以下

問043

スーパーS資金は、どのような資金ですか。

答

一、スーパーS資金（農業経営改善促進資金）は、認定農業者が計画の達成に必要な短期運転資金一般を農協・銀行・信用金庫、信用組合等から融資するものです。

二、資金の使途は、既往借入金の借り換えを除く短期運転資金一般です。

（例）

(1)　種苗代、肥料代、飼料代、雇用労賃等の直接的現金経費

(2)　肉用素畜、中小家畜等の購入費

(3)　小農具等営農用備品、消耗品等の購入費

(4)　営農用施設・機械の修繕費

(5)　地代（賃借料）、営農用施設・機械のリース・レンタル料

(6)　生産技術、経営管理技術の修得費

(7)　市場開拓費、販売促進費　等

三、借入条件

(1)　借入方式等

ア　極度借入方式（当座貸越又は手形貸付により極度額の範囲内で随時借入、随時返済を繰り返して利用できます）又は証書貸付とします。

イ　資金が利用できる期間は、原則として計画期間です。

ウ　極度額等については、原則として毎年度見直しを行うものとします。

(2)　借入利率：変動金利制（最新の金利については取扱融資機関にお問い合わせ下さい）

（当座貸越方式をとる場合は、〇・五％の範囲内で上乗せ）

(3)　限度額の上限…個人五百万円、法人二千万円

（畜産経営・施設園芸経営はそれぞれ四倍）

四、借入申込手続き

借入希望者は、最寄りの窓口機関（農協、銀行、信用金庫、信用組合）に必要書類（最寄りの窓口機関に問い合わせ下さい）を提出して行います。

問044

認定農業者、認定新規就農者に対する農業近代化資金の貸付条件等はどのようになっていますか。

答

農業近代化資金は、主として農協系統資金等を原資として、都道府県が利子補給することにより、農業者が設備や機械の導入等を目的として、借りることができる低利の資金です。

借りる場合は農業協同組合等に相談してから、貸し付けが決定するまで二カ月程度かかります。

一、借受資格者

認定農業者、認定新規就農者は個人・法人とも借受資格者になります。

二、資金の種類

(1) 畜舎、果樹棚、農機具など農産物の生産、流通又は加工に必要な施設の改良、造成、復旧又は取得

(2) 果樹その他の永年性植物の植栽又は育成、乳牛その他の家畜の購入又は育成

(3) 農地又は牧野の改良、造成又は復旧

(4) 長期運転資金

(5) 農村環境整備資金　等

三、貸付条件

(1) 資金の限度額

個人一千八百万円（知事特認二億円）

法人・団体二億円

ただし、認定農業者以外の者は当該事業実行に必要な額の八〇％

(2) 償還期限及び据置期間

認定農業者　償還期限十五年以内　うち据置七年以内

認定新規就農者　償還期限十七年以内　うち据置五年以内

認定農業者等以外の農業者　償還期限十五年以内　うち据置三年以内

(3) 償還方法　元本均等年賦償還

四、金利　一・〇〇％（令和五年十二月二十日現在）

認定農業者は、借入期間に応じて〇・五五％～〇・八五％、（特例〇％）（令和五年十二月二十日現在）

五、主な必要書類

(1) 借入申込希望書

(2) 借入申込書

(3)　運営改善資金計画書

(4)　確定申告書・青色申告書、決算書（直近三年分）

(5)　見積書・カタログその他必要と認める書類

六、借入申込手続き等

(1)　認定農業者が農業経営改善計画の達成に必要な農業近代化資金を借り入れる場合の借入申込手続きはスーパーＬ資金と同じ（問039参照）ですが、この他、農業信用基金協会の債務保証を受ける場合には、農業信用基金協会あての「債務保証委託申込書」を作成し借入申込書と同時に融資機関に提出します。

(2)　資金の借入申込・利子補給承認申請

ア　融資機関は借入希望者から借入申込があった場合には、貸し付けの可否について審査を行うとともに、都道府県に利子補給承認申請を行います。

イ　都道府県は、利子補給の適否について審査を行い融資機関に通知します。

また、農業信用基金協会は、債務保証の可否について審査を行い借入希望者に通知します。

問045

認定農業者に対する農業者年金の保険料助成とはどのような内容ですか。

一、独立行政法人農業者年金基金法は、老後の生活の安定・福祉の向上とともに、農業者の確保を目的にすることとされ、この目的に従って、認定農業者で青色申告を行う者等一定の要件を満たす者については、政策支援（国庫補助）が行われます。

二、保険料の国庫補助は、

(1)　六十歳までに保険料納付期間等（カラ期間を含む）が二十年以上見込まれる者

(2)　農業所得（配偶者、後継者の場合は支払いを受けた給料等）が九百万円以下

(3)　認定農業者で青色申告など必要な要件に該当する

という三つの要件を満たす者が、月額二万円のうち一万円から四千円の国庫補助を受けることができます。

○保険料の国庫補助が受けられる期間

ア　三十五歳未満であれば要件を満たしているすべての期間

イ　三十五歳以上であれば十年以内

とされ、通算二十年以内となっています。

○例えば、認定農業者で青色申告者で二十歳から加入して国庫補助を受ける場合、二十歳から三十五歳になるまでの十五年間は一万円の補助が、三十五歳から四十歳になるまでの五年間は六千円の補助が受けられ、補助額は最高二百十六万円となります。

三、この国庫補助分は、個人が支払った保険料と同様に積み立てられ、将来、農業経営から引退（経営継承）すれば特例付加年金として給付されることとなります。

（認定の基準）

問046

認定基準の「計画が関係市町村の基本構想に照らして適切であること」を判断する際の具体的ポイントは何ですか。

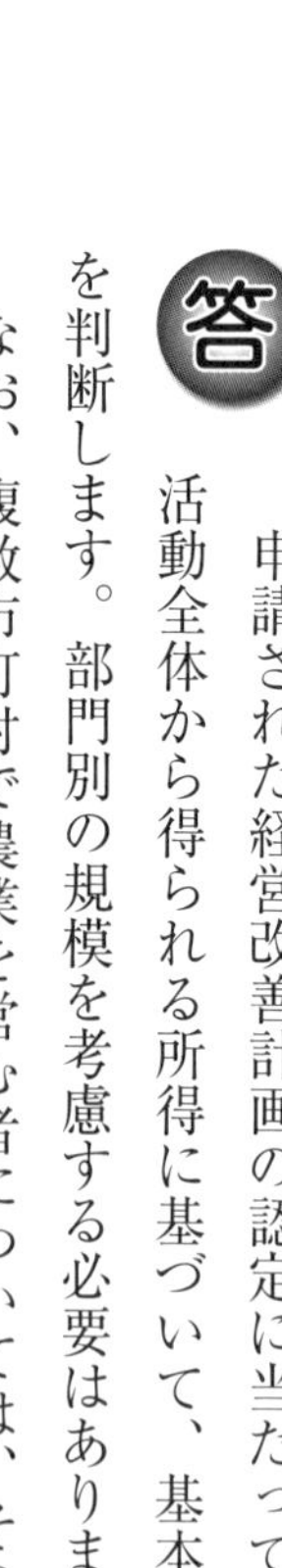

答

申請された経営改善計画の認定に当たっては、認定申請のあった農業経営体の営農活動全体から得られる所得に基づいて、基本構想で設定した目標に適合するかどうかを判断します。部門別の規模を考慮する必要はありません（基本要綱（別紙4）第1・(1)）。

なお、複数市町村で農業を営む者については、その所得は全ての区域における農業経営によって得られる所得に基づいて判断します。

問 047

基本構想の経営指標にない営農類型は認定できないのですか。

答

基本構想の経営の指標に定められていないような営農類型の経営であっても、目指している所得水準が基本構想における年間所得目標以上であれば、認定するものとします（基本要綱（別紙４）第１・１⑶）。

問 048

現在の経営規模が小さい経営も同一の基準で認定するのですか。

小規模な経営など、基本構想で示す所得水準等に到達するためには大幅な経営発展が必要であり、申請された経営改善計画の計画期間内にはその到達が困難な場合があります。

そのような場合についても、認定申請者の農業経営体の経営内容全体を考慮し、認定申請者が意欲を持って経営改善計画に記載された経営の改善・発展に向けた取り組みを継続し、将来的には基本構想で示す水準に到達することが見込まれる場合には、その計画を適切であると判断することができます（基本要綱（別紙4）第1・2⑷）。

問049

規模拡大を伴わない経営改善計画は、認定されないのですか。

答

認定農業者制度は、経営規模（農地）の拡大のみならず、生産方式の合理化、経営管理の合理化、農業従事者の態様等の改善の四つの観点から総合的な経営改善を計画的に図ろうとする農業者を支援する制度です。

したがって、農地の規模拡大を伴わなくても複合化や集約化、多角化等によって経営の改善を図ろうとする農業者も認定の対象としています。

例えば、経営規模はそのままでも、

① 営農類型を変更する

② 農畜産物の加工・販売を行う

③　新しい生産方式を導入して経営の合理化を図る
④　簿記記帳により経営管理の高度化を図る
⑤　ヘルパー制度を導入して労働負担を軽減する

など規模拡大を伴わない経営改善の方法はさまざまです。

ただし、この場合でも基本構想で示す所得水準等を実現しうる内容となっていることが必要です。

なお、申請者が法人の場合は、法人の主たる従事者が目標とする農業所得の額が基本構想に掲げる目標とすべき農業所得水準と同等以上の水準となるような農地の規模拡大の取り組みや農畜産物の加工・販売の取り組み等が掲げられているか否かが判断されます（基本要綱（別紙4）第1・2⑶）。

問050

目標とする所得水準が、基本構想に示されている水準を下回る場合でも認定されるのですか。

申請された経営改善計画における目標所得水準が基本構想で設定した水準を下回る場合でも、認定申請者の農業経営体の経営内容全体を考慮し、有機栽培や直接販売に

取り組む等、認定申請者が意欲を持って農業経営改善計画に記載された経営の改善・発展に向けた取り組みを継続し、将来的には基本構想で示される所得水準等に到達することが見込まれる場合には、その計画を適切であると判断することができます（基本要綱（別紙4）第1・1(4)）。

問051

基本構想の経営指標に現時点で達している経営は、認定されないのですか。

答

現在の経営が既に基本構想で示す指標を上回る者からの申請については、申請された経営改善計画の内容が、今後も更なる所得向上等を目指して、農地の規模拡大の取り組みや農畜産物の加工・販売の取り組み等により一層の経営改善を図ろうとするものであれば、基本構想に照らして適切であると判断されます。また、将来的に経営を円滑に後継者へ継承するため、経営の一部を後継者に任せる等の理由による場合であれば、経営規模を縮小する場合であっても、基本構想の水準を上回っていることを前提として、基本構想に照らして適切であると判断されます（基本要綱（別紙4）第1・2(5)）。

問052

認定基準の「計画の達成される見込みが確実であること」とは具体的にどのようなことですか。

一、この認定基準は、農業経営改善計画における経営改善の目標について、

①　農業経営の現状

②　経営規模、生産方式等の計画に掲げられた各事項の整合性

③　農業労働力の確保の実現性

等をもとに、その達成の実現性を総合的に審査します（基本要綱（別紙4）第3・1）。

二、①については、現状の農業経営と目標に掲げられた規模や生産方式との差から、目標実現のために要する経営努力の程度を図り、計画達成の確実性を審査します。

例えば、規模拡大についてみると、どの程度の拡大を目指すのかといった観点があります。土地利用型農業経営において、農地流動化が相当程度見込める地域であれば、相当な規模拡大の計画でも達成は困難ではありませんが、他産業への就業機会が乏しいなどの理由により農地流動化が見込めない地域であれば、大幅な規模拡大は困難と判断する場合も考えられます。

また、多額の負債を抱えて経営不振に陥っている状況を把握した場合には、目標を達成するためにとるべき措置（生産方式の改善、部門転換、低利資金への借り換え等）によって、経営改善が図られるか、農協、普及指導センター等と連携し審査するといった視点も大切です。

三、②については、例えば、園芸経営等においては、作付け作物と経営面積の関係から作期の重複競合が生じていないか、あるいは作期の重複が激しい場合には、生産方式において、妥当な品種構成がなされているか、もしくは作業工程の省力化が図られているかなどの視点で判断します。また、酪農経営において飼養頭数を増やす場合は、これにふさわしい生産方式（飼料基盤の拡充、フリーストール、ミルキングパーラー方式の導入等）が採用され、かつ、それに必要な資本装備が盛り込まれているかなどの視点で審査します。

四、③については、当該経営の労働力構成やライフサイクルによる変動（特に後継者の農業就業の見込み）、当該地域における雇用労働力の需給状況等の把握を通じたその調達の実現性などを審査します。

五、農地所有適格法人の経営改善計画に関連事業者等（耕作又は養畜の事業を行う個人又は農地所有適格法人を除きます）からの出資が含まれる場合、子会社である農地所有適格法人の経営改善計画に関連事業者等（親会社である農地所有適格法人に限ります）の役員を自社の役員として兼務させることが含まれる場合は一定の要件を満たすことが必要です（問034、069参照）。

問053

負債額の多寡は、認定の判断に影響するのですか。

一、負債額の多寡は、「計画の達成される見込みが確実であること」という認定基準を判断する際に重要なポイントになります。

経営規模に比べて負債過多になっている経営の場合は、どれだけ立派な経営改善計画を作成しても資金繰りに汲々となり、思うように経営改善が進まず、結果的に経営規模を縮小しなければならない事態にもなりかねません。

二、しかし、負債額は営農類型や経営方針によって当然差異がありますので、一律に負債が多いからといって問題であると判断するのは早計です。

例えば、施設整備や飼料購入等に多額の設備資金や運転資金を要する畜産経営とそれほど施設整備を要しない露地野菜経営では、必要とする投資額が異なりますからおのずと負債（他人資本）の規模も異なります。同じ稲作経営でも、借地中心で規模拡大する場合と積極的な農地購入により規模拡大する場合とでは、負債額が異なります。また、生産物に付加価値をつけるために加工場を併設する場合なども同様です。

つまり、負債の内容が当該経営にとって、健全なものであるか、不健全なものであるかの見極めが重要です。また、自己資本比率など資産に占める資本と負債のバランスにも留意して下さい。

特に、スーパー総合融資制度を活用して財務の健全化を図ろうとする経営改善計画の認定に際しては、農協等金融機関から意見を十分聴き審査することが必要です。

問054

認定基準の「計画が農用地の効率的かつ総合的な利用を図るために適切であること」とは、具体的にどのようなことですか。

答

認定申請者が作成する経営改善計画は、地域における農用地の効率的かつ総合的な利用を図るために適切なものである必要があります。当該認定基準に該当すると認められない場合としては、例えば、地域でブロックローテーションに取り組んでいる際にこれに参加しないなど、農業経営に供される農用地の利用が、作付地の集団化、農作業の効率化等に配慮されていない場合があります（基本要綱（別紙４）第２）。

問 055

法律の認定基準とは別に市町村独自の認定基準を定めてもよいですか。

市町村によっては、年所得額や青色申告の実施の有無を認定の判断基準としているところもあるようです。

農業経営改善計画の達成が確実と見込まれ、かつ、将来的には基本構想で示される所得水準等に到達することが見込まれるにもかかわらず、現在の経営規模や年齢基準等の市町村独自の基準を満たさない者は一切認定しないなどの画一的な運用は適切さを欠くことから、このような画一的な運用は速やかに廃止し、適切な運用を行ってください。

また、現在の経営規模や年齢基準等の市町村独自の基準は、当該基準を満たさない者は一切認定しないなどの画一的な運用になりがちであることから、このような基準を設けることは控えてください（基本要綱（別紙4）第4・2）。

問056

認定に際しては、簿記記帳が義務づけられるのですか。

認定に際して簿記記帳が義務づけられてはおりませんが、経営感覚に優れた企業的な経営を確立していくためには、経営管理能力を向上することが必要です。そのためには、自らの経営を客観的にとらえるための計数管理が必要となりますから、経営者の基本として不断の簿記記帳が不可欠です。

したがって、まだ簿記記帳を行っていない経営については、経営改善の一環として是非とも取り組まれるようアドバイスして下さい。

（認定の対象）

問057　認定の対象になるのは地域の優良経営だけですか。

答

一、認定農業者制度は、プロの農業経営者として取り組まれる農業者の「意欲の芽」をのばすものであり、行政が特定の者を選別して恩恵を与えようとするものではありませんから、できるだけ多くの方にプロの農業者としての道を進んでもらおうとする制度です。

二、したがって、プロの農業経営者として意欲を持ってやっていこうとする方であれば、

①　性別
②　年齢
③　専業兼業の別
④　経営規模の大小
⑤　営農類型
⑥　法人形態

などを問わず認定の対象となります。

問058

人・農地プランの中心経営体から認定申請があった場合、どのように対応すればよいですか。

人・農地プランの中心経営体（人・農地プランに位置付けられた今後の地域の中心となる経営体）は、人・農地プランを法定化した地域計画においても、目標地図の「農業を担う者」に位置づけられ、今後の地域農業を支えていく農業者として育成していく必要があることから、認定農業者制度を活用し、各種支援措置を利用して効率的かつ安定的な経営を実現することが望ましいと考えます。

問 059

認定の対象になるのは、土地利用型農業だけですか。

答

認定農業者制度は、農地の規模拡大によって経営改善を図ろうとする土地利用型農業経営だけではなく、施設園芸や中小家畜などの集約的な施設型農業経営や複合経営も認定の対象としています。

策定されている市町村基本構想をみると、現に地域の営農の実態に即して、土地利用型農業以外にも多様な営農類型の経営指標が示されています。

問 060

農地所有適格法人ではない法人も認定の対象になりますか。

農業経営改善計画の認定を受けることができるのは、農業経営を営み、又は営もうとする者とされています。したがって、農地を持たずに行う施設型農業経営や畜産経営を営む農業法人、解除条件付賃借権又は使用貸借による権利を取得して農業経営を営む農業

法人なども認定の対象となります。

問061

認定を受けた法人の構成員が、個人としての農業経営についても認定申請した場合、認定を受けることはできますか。

答

認定を受けた法人の構成員であっても、個人としての農業経営が別にあり、個人経営の部分で認定基準を満たすものであれば認定を受けることが可能です。

問062

一度認定を受けた農業者は、再び認定を受けることはできないのですか。

経営改善計画の有効期間の終期を迎える認定農業者が、継続的に経営の発展を図るためには、そのときの経営環境に適切に対応しつつ、経営内容を点検し、改善すべき点を明確に意識した上で、新たな経営改善の目標を設定し、計画的に経営改善を図っていくことが重要です。

このため市町村等は、関係機関と連携し、認定期間を満了する認定農業者に対して、認定期間満了日までの間に時間的余裕をもって、認定農業者制度の目的・意義等を再度周知した上で、その経営意向を十分確認しつつ、期間を満了する経営改善計画の実践結果について、専門家からの助言等を踏まえ、旧計画の達成状況についての適切な分析と課題の把握を行い、当該認定農業者が新たな経営改善に継続して取り組むことが見込まれる場合は、新たな経営改善計画の作成を促します。

そのうえで、認定期間を満了する認定農業者から新計画の認定申請があった場合には、市町村等は、旧計画の計画内容とその達成状況を専門家からの助言等を踏まえて十分分析し、新計画の実現可能性を総合的に検討した上で、新計画の認定の可否を判断します（基本要綱第6・7）。

問063

個人事業として認定を受けた後に法人化した場合、法人として改めて認定を受けなければなりませんか。

個人と法人は別人格となりますので、法人としての認定を希望するのであれば改めて認定を受けることが必要です。

（認定の手続き）

問064

農業経営改善計画の認定を受けるにはどうすればよいのですか。

農業経営改善計画の認定を受けるには、

(1) まず、認定申請者が農業経営改善計画を作成する必要があります。

(2) この計画は、次の事項を内容とし、おおむね五年後を見通して作成します。

ア　農業経営の現状

イ　農業経営の規模拡大、生産方式の合理化、経営管理の合理化、農業従事の態様の改善等の農業経営の改善に関する目標

ウ　イの目標を達成するためにとるべき措置　等（法第十二条第二項）

なお、このように項目としてはいくつかありますが、農業者の考え方によって当面は農業経営の規模拡大を図ろうとする場合には規模拡大に重点をおいた計画でもよく、また、既に一定の経営規模に達していて今後は経営管理の合理化や法人化を進めようという場合にはそれに重点をおいた計画でも可能です。

(3)　次に、農業経営を営み、又は営もうとする区域のある市町村（複数の市町村にまたがる場合は、その区域が一の都道府県の区域内にある場合は都道府県知事、その他の場合は農林水産大臣（複数の市町村の区域が一の地方農政局長の管轄する区域内のみにある場合には、当該地方農政局長））に対し、作成した農業経営改善計画が適当である旨の認定を受けるため、申請することになります。

この場合、認定申請者が申請先である市町村又は都道府県の区域内に農用地を所有又は現に住所を有している必要はありません。

「複数市町村で農業経営を営み、又は営もうとする」場合については、経営改善計画に記載されている農用地又は農業生産施設が所在する区域で判断することとします（基本要綱第6・3(1)）。

問065

現在、複数の市町村で認定を受けていて、それぞれの有効期間が異なる場合は、どのタイミングで国・都道府県に認定申請をすればいいのでしょうか。

複数の市町村で認定を受けている計画について、それぞれの計画の有効期間が異なる場合には、最初に有効期間の終期を迎える計画の再認定の申請の際に、他の認定を

受けている市町村での営農状況も含めて計画に記載し、国又は都道府県に認定申請を行うことになります。

問066

認定された農業経営改善計画を変更しようとする場合、その手続きはどうなっていますか。その場合、認定の有効期間は変更認定の日から五年となるのですか。

変更の認定を受けた場合の有効期間は、省令第十五条に当初認定日から起算して五年とすることが定められています。

これは、変更された計画は変更前の計画と基本的に同質のものであることから、その有効期限を当初認定日から起算して五年としていることによるものです。

問067

すでに市町村から認定を受けている計画について、営農地域の追加を行う場合、国・都道府県による認定の対象となるのでしょうか。対象となる場合、すでに認定をしていた市町村にも意見を聴くのでしょうか。その場合の有効期間はどうなるのでしょうか。

すでに市町村の認定を受けている計画について、その有効期間中に内容に変更が生じた場合でも、逐次の計画変更は必要ありません。

しかし、農業者が変更を希望する場合であって、その農用地・農業用生産施設が、現在計画に記載されていない市町村・都道府県に拡大されるものである場合には、国・都道府県よる認定の対象となるため、新たに国・都道府県に認定申請を行うこととなります。

この場合、認定の際には、すでに認定を行っている市町村にも意見を聴取し、計画の有効期間は、当初認定を受けた計画の残りの有効期間にかかわらず、認定の時点から五年間となります。

問068

農業経営改善計画には、何を記載すればよいですか。

(1)農業経営改善計画には、次の事項を記載することとされています。

ア　農業経営の現状

イ　農業経営の規模拡大、生産方式の合理化、経営管理の合理化、農業従事の態様の改善等の農業経営の改善に関する目標

ウ　イの目標を達成するためにとるべき措置　等

具体的には、認定申請者が当該計画を作成するに当たっては、平成十五年九月十二日農林水産省告示第一四一九号（農業経営基盤強化促進法第三十二条の農林水産大臣が定める基準等を定める件）に定める様式（基本要綱　参考一）により、記載します。

(2)経営改善計画には、認定申請者が関連事業者等と連携して行う経営改善のための措置を含めることができます。この関連事業者等が「当該農業経営改善のために行う措置」とは、その経営の財務基盤の強化のために行われる出資又は資金の融通のほか、関連事業者等との間における取引関係又は役員の兼務を通じて行われる生産技術や経営技術の提供など農業経営の合理化や安定発展等が見込まれる措置が該当します（基本要綱（別紙3）第1・

2）。

問 069

関連事業者等に係る農地法の特例措置の具体的内容は何ですか。

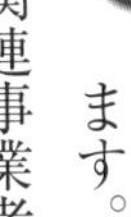

関連事業者等による出資、役員兼務については、農地法の特例措置が講じられています。

⑴関連事業者等による出資の特例措置

①この特例措置は、農地所有適格法人が作成し、市町村等の認定を受けた経営改善計画に従って関連事業者等が出資を行う場合に適用されるものです。その対象となるものは、当該計画に記載された関連事業者等及び当該農地所有適格法人（認定後に新たに農地等の権利を取得し農地所有適格法人になると見込まれる者を含む）です。

②出資により議決権を保有できる範囲は、次のとおりです。

ア　関連事業者等のうち耕作又は養畜の事業を行う個人又は農地所有適格法人については、農地所有適格法人の構成員として必須となる常時従事者の保有する議決権を除き、その割合について制限を受けずに出資することが可能です。

イ　また、これ以外の者が経営改善計画に従って出資する場合にあっては、その保有できる議決権の割合は、当該関連事業者等を含む農地法第二条第三項第二号イからチまでに掲げる者以外の者の議決権の合計が全体の二分の一未満となります（基本要綱（別紙３）第２・１⑴⑵）。

⑵関連事業者等による役員兼務の特例措置

この特例措置は、グループ会社の関係にある親会社と子会社（親会社である関連事業者等が、⑴の出資の特例措置により、当該子会社の総株主の議決権の過半を有するもの）について、親会社の役員が子会社の役員を兼務する場合の常時従事要件を緩和するものです。

その特例措置の内容は、親会社の役員が子会社の役員を兼務する場合において、子会社である農地所有適格法人が、次の基準を満たした上で、市町村等から農業経営改善計画の認定を受けた場合、当該計画に記載された当該子会社の役員として兼務する役員（以下「兼務役員」という）を農業常時従事者として取り扱うものです。

①　親会社が既に認定農業者となっている農地所有適格法人の子会社であること

②　兼務役員が親会社の農業常時従事者（年間百五十日以上農業に従事する者）であり、株主であること

③　兼務役員が子会社の農業に年間三十日以上従事していること（基本要綱（別紙３）第

2・2(1)

問070

経営改善計画には、所有・利用する農用地・農業生産施設の全てを記載する必要がありますか。

農業経営改善計画は、認定申請者が所有・利用する農用地・農業生産施設の全てを網羅的に記載する性質のものではなく、農業経営上重要と考えられるものを記載することとなります。

具体的には、農業経営改善計画の認定を受ける上では「計画に定める所得目標」が、各関係市町村が定める基本構想における所得目標を達成したものである必要があるため、計画には、その所得目標に照らして適当と考えられる農用地・農業生産施設を記載することとなります。

例えば、相続等により単に管理耕作しているだけの狭小農地等といったものは記載する必要はないと考えられます。

また、制度資金や農業経営基盤強化準備金を活用する上では、原則として、これらを活用して取得する予定の農用地・農業生産施設が記載されている必要があるので、この点にも留意する必要があります。

問071

農業経営改善計画に農業用施設の整備に関する事項が追加されました。どのような事項を記載するのでしょうか。

農業経営改善計画に農業用施設の整備に関する事項が追加されたのは、認定農業者の事務手続きに係る負担軽減等を図るため、施設整備に関する事項を記載した農業経営改善計画の認定と農地転用許可手続きのワンストップ化（転用許可の一体的審査を受ける仕組み）を措置するためです。

このため、農業用施設の整備に関する事項の農業経営改善計画への記載においては、農地転用許可申請手続きに準じて、次の事項を記載することとされています（法第十二条第三項）。

①　当該農業用施設の種類及び規模等

②　当該農業用施設の用に供する土地の所在、地番、地目及び面積

③　その他省令（則第十三条の三）で定める次の事項

ア　転用の時期

イ　転用によって生ずる周辺農地等への被害防除施設等

なお、農業経営改善計画に記載することが可能な農業用施設の種類については基本要綱別紙4の2第1を参照してください。

問072

農業経営改善計画に係る農地転用許可手続きのワンストップ化とは、どういうことでしょうか。

一　改正前の認定農業者制度においては、農業経営改善計画の内容を達成するために農地転用許可を必要とする農業用施設の整備を行う場合、農業経営改善計画の認定手続きとは別に、別途個別に農地転用許可手続きを行うことが必要でした。

二　新基盤強化法においては、認定農業者の事務手続きに係る負担軽減等を図るため、農業用施設整備に関する事項を記載した農業経営改善計画の認定と農地転用許可手続きのワンストップ化（転用許可の一体的審査を受ける仕組み）が措置されたものです。

これにより、農業用施設整備に関する事項が記載された農業経営改善計画の申請を受けた市町村が都道府県知事の同意を得て認定した場合、施設整備に必要となる農地転用についてその許可があったものとみなされます。この結果、別途、個別に農地転用許可手続きを行うことが不要となりました。

問073

農業用施設の整備に関する事項が記載された農業経営改善計画の農地法の特例等の内容を説明して下さい。

答

農業用施設整備に関する事項が記載された農業経営改善計画の申請を受けた市町村が都道府県知事の同意を得て認定した場合、施設整備に必要となる農地転用についてその許可（農地法第四条第一項の許可又は同法第五条第一項の許可）があったものとみなされます（法第十四条）（基本要綱別紙4の2第4）。

問074

農業経営改善計画に係る農地転用許可手続きのワンストップ化の場合には、農地転用許可基準が緩和されるのでしょうか。

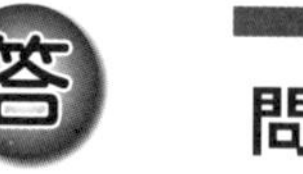

市町村が農業用施設の整備に関する事項が記載された農業経営改善計画を認定しようとする場合の同意基準においては、「農地転用許可をすることが出来ない場合に該当しないこと」と規定されており、通常の転用の場合と同様の基準が適用されます。

問075

農業用施設の整備に関する事項が記載された農業経営改善計画の認定申請があった場合の市町村の処理手続きを教えて下さい。また、市町村による農地転用許可権者（都道府県知事等）への協議以降の流れを説明して下さい。

一　経営改善計画に農業用施設の整備に関する事項が記載されている場合の市町村の処理手続きは次のようになります（基本要綱別紙4の2第2）。

市町村は農地転用許可権者である都道府県知事に協議し、同意が得られた場合には当該計画を認定します。都道府県知事は、農地転用許可基準上許可し得るものであると認められる場合に、同意することとします。

二　市町村の協議は、具体的には農業委員会を経由して都道府県知事へ協議書を送付して行います。農業委員会は、協議書の提出があった日の翌日から起算して四十日以内（都道府県機構の意見を聴く場合には八十日以内）に協議書に意見を付して都道府県知事に送付します。農地転用許可手続きのワンストップ化措置の趣旨に鑑み、農業委員会は速やかな処理手続きに努めて下さい。

三　市町村が指定市町村である場合は、都道府県知事への協議・同意手続きは不要ですが、当該市町村は、転用許可権者として農地転用許可基準に該当すること（農地転用許可をすることができないに場合に該当しないこと）の確認が必要です。また、農業委員会の意見聴取及び転用しようとする農地が四ヘクタールを超えるときは農林水産大臣への事前協議がそれぞれ必要です。

問076

農業用施設の整備に関する事項が記載された農業経営改善計画の事項が数市町にわたる場合の処理手続きはどうなりますか。

数市町村にわたる事項の認定処理については、数市町村が同一都道府県内であれば都道府県知事が行い、その他の場合は農林水産大臣が行うこととなります。それぞれの場合の処理手続きは次のとおりです（基本要綱別紙４の２第３）。

① 認定処理を農林水産大臣が行う場合

転用許可権者である都道府県知事又は指定市町村の長と協議し同意を得ることとします。協議を受けた都道府県知事又は指定市町村の長は、農業委員会の意見聴取を行いますが、転用しようとする農地が四ヘクタールを超えるときであっても農林水産大臣への協議は要りません。

② 認定処理を都道府県知事が行う場合

農業委員会に意見聴取を行うこととなります。

また、転用しようとする農用地が指定市町村の区域内にある場合は、当該指定市町村の長に協議し、同意を得ることとなりますが、この場合には農業委員会の意見聴取は当該協議を受けた指定市町村の長が行います。

なお、転用しようとする農地が四ヘクタールを超えるときは、都道府県知事（又は指定市町村の長）があらかじめ農林水産大臣に協議する必要があります。

問077

農用地区域内の農業用施設の整備のための転用に当たっては、農業振興地域整備計画（農用地利用計画）の用途区分の変更までがワンストップ化されるのでしょうか。

答

農用地区域内での農業用施設の整備に係る農業振興地域整備計画（農用地利用計画）の用途区分の変更については、ワンストップ化の対象ではありません。別途手続きが必要です。

問078

新基盤強化法で拡充された認定農業者に係る措置には、この他にどのようなものがありますか。

　新基盤強化法による認定農業者に係る措置としては、施設整備に関する事項が記載された農業経営改善計画の認定と農地転用許可手続きのワンストップ化措置のほかに、株式会社日本政策金融公庫法の特例による「資本性劣後ローンに係る措置」があります。この資本性劣後ローンについては、認定農業者の事業展開に必要な財務基盤の強化を図るため措置されたものであり、長期間にわたり元本返済が不要であるなど、融資条件の面で資本扱いとなるために自己資本比率が高まるメリットがあるとされています。

　新基盤強化法では、資本性劣後ローンを公庫が融資する資金で措置することとされており、次の資金について、次のとおり据置期間の範囲を延長することとされています。

・農業経営の安定に必要な資金　　三年以内→二十年以内
・施設の改良等に必要な資金　　八年以内→二十五年以内

（推進体制等）

問 079

認定農業者の経営改善を着実に進めるため、認定後の助言等はどうすればよいですか。

答

認定農業者が経営改善計画に沿って経営改善を着実に進めるため、農業経営・就農支援センターに登録された専門家を積極的に活用することとします。

なお、市町村等において、普及指導センター、農業協同組合、農業委員会、株式会社日本政策金融公庫等と連携し、適切に助言等を実施することとしている場合には、これを活用することとも差し支えありません（基本要綱第６・５）。

問080

農業経営改善計画の作成相談にあたって、留意すべきポイントはなんですか。

答

相談に応じる場合は、指導する側の姿勢として、新規就農者などのいわゆる初心者が計画作成を行うこともあることから、描いている農業経営改善計画が基本構想の経営指標に著しく合わないことなどを理由にはね付けるような態度をとることはよくありません。

相談に応じる中で、相談者の経営の現状と課題を浮き彫りにし、適切な目標設定とその目標とする経営に向けた対処方針の作成へと指導する、言い方を変えれば、いかに意欲と能力を引き出すかに重点をおいてアドバイスすることが重要です。

農業経営改善計画が単なるペーパープランに終わらないように、その作成相談にあたっては、次のようなポイントに留意して行うとよいでしょう。

⑴　どのような経営を目指したいのか、経営理念が明確になっているか。
⑵　経営の現状と課題が浮き彫りになっているか。その上で、適切な経営改善の方向が導き出されているか。
⑶　現在の経営規模からみて、目標規模は妥当か。

(4)　確保できる労働力や目標労働時間からみて、目標規模は妥当か。あるいは、作目構成や作付体系に無理はないか。
(5)　借地により規模拡大を計画している場合、そのメドはある程度ついているのか。
(6)　ほ場の分散度合いはどの程度か。その程度に応じた団地化・連坦化の改善を図ろうとしているのか。
(7)　目標規模に見合った資本装備となっているか、または過大装備となっていないか。
(8)　現状の生産方式の問題点はないか。新しい生産方式や新技能導入等による合理化の余地はないか。
(9)　計数管理ができていない経営については、少なくとも簿記記帳が経営管理の合理化の目標として検討されているか。
(10)　特に、畜産経営や施設園芸経営については、労働過重を軽減するためヘルパーや雇用労働力の確保、休日制の導入等が検討されているか。
(11)　各目標を達成するためにとるべき措置が具体化されているか。

Ⅵ　認定新規就農者制度

問 081

市町村が基本構想を策定するに当たり、青年等が目指すべき農業経営の目標の設定の考え方はどのようなものですか。

新たに農業経営を営もうとする青年等が目標とすべき農業経営の指標の作成に当たっては、目標とすべき所得、労働時間等を当該市町村又はその近隣の市町村において農業経営で生計が成り立つ水準とし、新たに農業経営を営もうとする青年等にとって現実性があるような指標とすることが重要です（基本要綱（別紙2）第2の2・1）。

問082　青年等就農計画制度のねらいは何ですか。

我が国の基幹的農業従事者は六十五歳以上が約七割を占める一方、四十代以下が一割という著しくバランスを欠いた状況です。攻めの農業を展開して、将来にわたって我が国農業が発展していくためには、担い手となりえる青年層の新規就農者の確保・定着の推進が急務となっています。

これを受け、平成二十四年度から従前にない新規就農施策として、就農前後の所得を確保する「青年就農給付金」を措置し、一定の成果が得られているところです。

一方、就農初期に必要な無利子の融資制度である就農支援資金については、地域によって貸し付けが低調となるなど、期待される政策効果が発揮できていない状態にありました。また、新規就農者の定着を促進するに当たっては、地域において農業経営の発展段階までのシームレスかつきめ細やかな支援体制が求められているところです。

このため、新規就農者の確保・定着が確実に図られるよう、平成二十六年度に農業経営基盤強化促進法に青年等就農計画制度を創設し、計画の認定主体を市町村とすることにより、農業経営改善計画制度（認定農業者制度）と一貫した担い手の育成を図るとともに、就農当初に必要となる営農資金の融資や農地の手当てなどの支援を講じました。

この見直しにより、市町村においては、地域の実情に応じて、人・農地プランの策定や農業次世代人材投資資金（経営開始型）の交付（旧青年就農給付金（経営開始型）の給付）、農地集積業務と一体的に新規就農施策を展開することが可能となりました。

問083

青年等就農計画を作成し、市町村の認定を受けることができる者はどのような者ですか。

答

青年等就農計画の認定を受けることができる者は、その市町村の区域内において新たに農業経営を営もうとする青年等であって、次に該当する者です。また、市町村の区域内に農用地を所有しない者や現に住所を有していない者も認定申請を行い、認定を受けることができます。

① 青年（十八歳以上四十五歳未満。ただし地域に担い手がいない等やむを得ない事情があると市町村長が認める場合には五十歳未満）
② 効率的かつ安定的な農業経営を営む者となるために活用できる知識・技能を有する者で具体的には次のいずれかに該当する者（六十五歳未満）

(ア)　商工業その他の事業の経営管理に三年以上従事した者
(イ)　商工業その他の事業の経営管理に関する研究又は指導、教育その他の役務の提供の事業に三年以上従事した者
(ウ)　農業又は農業に関連する事業に三年以上従事した者
(エ)　農業に関する研究又は指導、教育その他の役務の提供の事業に三年以上従事した者
(オ)　(ア)から(エ)までに掲げる者と同等以上の知識及び技能を有すると認められる者

③　①又は②の者であって法人が営む農業に従事すると認められる者が役員の過半数を占める法人（法人形態は認定の要件でないことから、農福連携に取り組む社会福祉法人や特定非営利活動法人も認定新規就農者となることができます）。

なお、農業経営を開始してから五年間を経過していない①～③に該当する者も認定を受けることができますが、認定農業者は認定を受けることができません（基本要綱第7・3、（別紙5）第1・2(2)）。

市町村は、申請された青年等就農計画が、ア．その計画が市町村の基本構想に照らして適切であること、イ．その計画が達成される見込みが確実であること、ウ．②に掲げる六十五歳未満の者については、その有する知識及び技能が青年等就農計画の有効期間終了時における農業経営に関する目標を達成するために適切なものであること、を審査して認定を行います（基本要綱第7・4(1)）。

問084

認定基準の「計画が市町村の基本構想に照らして適切であること」を判断する際の具体的ポイントは何ですか。

答

申請された青年等就農計画の認定に当たっては、認定申請のあった農業経営体の営農活動全体から得られる所得に基づいて、基本構想で設定した目標に適合するかを判断します。なお、部門別の規模を考慮する必要はありません（基本要綱（別紙4）第1・1(1)）。

申請者が法人の場合にあっては、法人の主たる従事者が目標とする農業所得の額が基本構想に掲げる目標とすべき農業所得水準と同等以上の水準となるような農地の規模拡大の取り組みや農畜産物の加工・販売の取り組み等が掲げられているか否かを判断するものとします（基本要綱（別紙4）第1・2(3)）。

問 085

基本構想の経営指標にない営農類型は認定できないのですか。

答

基本構想の経営の指標に定められていないような営農類型の経営であっても、目指している所得や経営規模、生産方式その他の指標に関する目標の内容などを踏まえ、認定するものとします（基本要綱（別紙4）第1・1⑶）。

問 086

目標とする所得水準が基本構想に示されている水準を下回る場合でも認定されるのですか。

答

申請された計画の目標所得水準が基本構想で設定した水準を下回る場合でも、申請者の農業経営体の経営内容全体を考慮し、有機栽培や直接販売等に取り組む等、申請者が意欲を持って青年等就農計画に記載された農業経営の基礎の確立に向けた取り組みを継続し、将来的には基本構想で示される所得水準等に到達することが見込まれる場合には、その計画を適切であると判断することができます（基本要綱（別紙4）第1・1⑷）。

問 087

目標とする所得水準に農畜産物の加工・販売、6次産業化等の取り組みを含めてもよろしいですか。

答

就農計画申請者が農畜産物の生産のみならず、農畜産物の加工・販売や6次産業化等の取り組みを行うときは、「農業経営の規模に関する目標のうち農畜産物の加工・販売その他の関連・附帯事業」にその旨を記載することとし、農畜産物の生産と併せて当該取り組みにより、将来的に基本構想に掲げる所得水準等の達成を目指すときは、その計画を適切であると判断することができます。

なお、目指すべき所得水準等の目標の達成の判断に当たっては、営業利益だけ見るのではなく、交付金等（農業次世代人材投資資金を除く）を含めた収入及び6次産業化の取り組み等による加工・販売その他の関連・附帯事業に係る収入を合計した上で、それぞれの経費を差し引いた所得で判断することが適当です（基本要綱（別紙4）第1・1(5)）。

問088

基本構想の経営指標に現時点で達している経営は、認定されないのですか。

現在の経営が既に基本構想で示す指標を上回る者からの申請については、申請された青年等就農計画の内容が、今後も更なる所得向上等を目指して、農業経営の確立を図ろうとするものであれば、基本構想に照らして適切であると判断するものとします（基本要綱（別紙４）第１・２⑸）。

問089

認定基準の「計画の達成される見込みが確実であること」とは具体的にどのようなことですか。

青年等就農計画における農業経営の目標について、これまでの研修経験、生産方式等の当該計画に掲げられた各事項間の整合性、農業労働力の確保の実現性等をもとに、その達成の確実性を総合的に審査します。

特に、これまでの研修経験等を踏まえ、当該計画の生産方式に係る農業技術を習得しているかという観点で審査を行います。また、経営の適正な管理の実施を農業簿記等により行うことが見込まれるかについても審査を行います。

なお、当該青年等の指導等に当たっている農業者（指導農業士等）の意見を十分尊重して審査を行う必要があります（基本要綱（別紙5）第2）。

問090

認定基準の「青年以外の個人（六十五歳未満の者）が有する知識及び技能が青年等就農計画の有効期間終了時における農業経営に関する目標を達成するために適切なものであること」とは具体的にどのようなことですか。

青年以外の個人（六十五歳未満の者）が効率的かつ安定的な農業経営を営むために有する知識、技能やそれまでに従事した職種、受講した研修・教育等が青年等就農計画の有効期間終了時における農業経営に関する目標を達成するために適切なものであるかどうかの審査を行います（基本要綱（別紙5）第3）。

問091

就農予定の市町村が基本構想を策定していない場合、青年等就農計画の認定は受けられないのですか。

認定新規就農者となるためには、市町村が定める基本構想に照らして適切な青年等就農計画を作成し、認定を受ける必要があります。このためには、就農予定の市町村が「青年等が目標とすべき農業経営の指標」を含んだ基本構想を策定している必要があります。

問092

認定新規就農者に対しては、どのような支援措置がありますか。

答

青年等就農計画は、農業経営基盤強化促進法に基づき、市町村がその基本構想に照らして認定するものであり、将来の地域農業の中核となる担い手を育てることを目的としています。

このため、市町村により青年等就農計画の認定を受けた認定新規就農者は、①青年等就農資金（無利子融資）、②農業次世代人材投資資金（経営開始型）（旧青年就農給付金（経営開始型））、③経営所得安定対策、④農用地利用集積などの支援を受けることができます。

問093

青年等就農計画の有効期間は何年間ですか。

答

青年等就農計画の有効期間は、青年等就農計画の認定をした日から起算して五年となります。ただし、既に農業経営を開始した青年等にあっては、「認定をした日」から、「農業経営を開始した日から起算して五年を経過した日」までとなります。

また、計画を変更した場合や、既に認定を受けている計画について新たに他の市町村で認定をした場合は当初認定した計画の有効期間の終期までとなります（基本要綱第7の3・4⑷）。

問094

新たに農業経営を営もうとする青年等は、青年等就農計画の認定申請をどのように行えばよいでしょうか。

青年等就農計画の認定を受けようとする青年等は、告示に示した様式に従って、就農を予定している都道府県（普及指導センターを含む）、市町村、農業者研修教育施設等の助言・指導を受けつつ、青年等就農計画を作成することになります（基本要綱第7の2）。

作成した青年等就農計画の提出先については、就農予定地の市町村に直接提出することになります。

問095

六十五歳未満の者の計画認定要件に「商工業その他の事業の経営管理に三年以上従事した者」、「商工業その他の事業の経営管理に関する研究又は指導、教育その他の役務の提供の事業に三年以上従事した者」、「農業又は農業に関連する事業に三年以上従事した者」とありますが、考え方はどのようなものですか。

答

省令第一条の二の各号に基づいて、効率的かつ安定的な農業経営を営む者となるために活用できる知識及び技能を有するかについて、申請者の経歴等を踏まえて弾力的に判断願います。

問096

親元就農する青年等就農計画申請者はどのようなことに留意すべきですか。

青年等就農計画の対象者は、自ら農業経営を開始する者となるため、原則として税務申告を親族（三親等以内の者をいう。以下同じ）とは別に行う必要があります。た

だし、地域によっては申告を別にできない場合も存在するため、

① 親族の農業経営とは別に新たに農業部門の経営を開始する場合

② 農業経営の継承者が親族の農業経営を全部または一部継承して農業経営を開始する場合

については、農業経営の開始に当たり自らが行う農業経営についての収支を明らかにし、親族の経営との区分を明確にするため、自らの農業経営の経営収支に関する帳簿の記載と自己の預貯金口座を開設する必要があります（基本要綱第7の2・3(2)イ）。

問097

「新たに農業経営を営もうとする青年等」には、現に農業法人等の従業員として農業に従事している者も含まれますか。

答

現に農業法人等（親族の農業経営に雇用就農されている状態を含む）の従業員であっても、新たに農業経営を営もうとする青年等については、青年等就農計画を申請することが可能です。

問 098

夫婦で農業経営を開始する場合、青年等就農計画の、①共同申請は可能ですか、②それぞれによる申請は可能ですか。

答　① 夫婦が同一経営を行う場合、家族経営協定等の取り決めが締結されている等の場合は、共同申請が可能です。

② 夫婦それぞれの者が、別に農業経営を開始する場合は、それぞれ青年等就農計画の認定を受けられます。

なお、青年等就農資金の貸し付けについては、夫婦が家族経営として同一経営内で就農する場合は、開始される経営体はあくまで単一のものとなりますので、一人分の貸付限度額以内の額を貸し付けることとなります。

夫婦で経営を明確に分ける場合（税の申告を別々に行う等）には、金融機関の判断によりそれぞれに貸付限度額以内の額を貸し付けることができます。

問099

他産業と兼業で農業経営を開始しようとする者も、青年等就農計画制度の対象となりますか。

　青年等就農計画の対象者については、将来の効率的かつ安定的な農業経営の担い手となることが見込まれる者であり、就農時あるいはその後においても、農業に専ら従事し、これにより必要な所得を概ね確保しうるような者を対象とすべきものであることから、農業以外の職業に恒常的に従事し、片手間に農業に従事するような者は対象にならないと考えられます。

　しかしながら、農業に専ら従事しつつ農閑期等を活用して他産業に従事し所得を得ることが必要不可欠な場合もあることから、青年等就農計画の認定に当たっては、専業、兼業の別でのみ区分することは適当ではなく、年間農業従事日数（百五十日以上であることが望ましい）を勘案して判断することが望ましいと考えます（基本要綱（別紙5）第1・2(1)）。

問 100

法人の役員の過半数が青年等であることが要件となっていますが、この青年等の役員についても農業経営開始から五年以内の新規就農者である必要がありますか。

青年等就農計画の対象となる法人については、

① 当該法人が農業経営開始から五年以内であること

② 当該法人の役員の過半数が青年等であって法人が営む農業に従事すると認められることが要件となります。その役員の農業経験年数までは問いません（基本要綱第7の2・3(1)ウ）。

問 101

個人での経営から法人経営に法人成りした場合は、新たに農業経営を営もうする法人として、青年等就農計画の認定の対象となりますか。

個人で農業経営をしている者が、一戸一法人となった場合、法人格として新たに計画を作成・申請することになります。また、その場合は、個人経営から法人経営へと

経営が継続するため、個人で農業経営を開始した時点を青年等就農計画に記載する農業経営開始時期と判断します。

問 102

農業以外の業を営む法人が、分社化せずに自社で新たに農業経営を開始する場合について、青年等就農計画の認定の対象となりますか。

答

農業経営開始から五年を経過していない場合であり、かつ青年等就農計画の要件を満たすものであれば、青年等就農計画を作成し、市町村から計画の認定を受けることが可能です。

ただし、「法人が営む農業に従事すると認められる者（※）が、役員の過半数を占めること」の要件に関して、特に留意する必要があります。

例えば、食品加工業や酒造業など、自社で生産する農産物等を自社で加工・販売するような農業関連事業を営む業種の場合、農業経営開始時には、役員の過半が主として加工・販売等の農業関連事業に従事すると判断されることから、要件に合致するものと考えられます。

一方、建設業など、自社で生産する農産物等と特に関連のない事業を営む業種の場合、農業経営開始時には、役員の過半数が主として農業関連以外の事業に従事すると判断されることから、要件に合致することは困難と考えられます。

（※）農作業以外にも経営管理や加工・販売等の農業関連事業に従事する者を含みます。

問103

新たに農業経営を営もうとする法人における青年等の年齢はどのように判断しますか。また、法人の役員に変更があった場合は、年齢はどのように判断しますか。

法人登記日における役員の年齢で判断します。ただし、法人登記日と実際に農業経営を開始する日が大きく異なる場合には、実際に農業を開始することとなった日の役員の年齢で判断します（農業経営の開始の時点については、問108を参照）。

また、法人の役員に変更があった場合、従前の役員の年齢は、青年等就農計画の変更申請前の法人登記日における役員の年齢で判断し、役員変更によって新たに着任した役員の年齢は、法人の役員の変更登記日における役員の年齢で判断します。

問104

青年等就農計画の認定を受けた市町村以外の市町村で青年等が農業経営を開始する場合、再度青年等就農計画の認定を受ける必要はありますか。

答

複数市町村において認定を希望する者は、それぞれの市町村に対して同一の青年等就農計画の内容で認定申請を行うことができます。

また、いずれかの市町村において既に認定を受けている者が、新たにそれ以外の市町村に認定申請を行う場合には、認定申請書に既に認定を受けた青年等就農計画及び当該計画に係る認定書を添付し、新たに認定申請を行う市町村に提出してください（基本要綱第7の2・3⑶）。

問105

青年等就農計画の提出先は、就農地の市町村とのことですが、就農地が複数の市町村にまたがって存在している場合、該当する全ての市町村に提出して認定を受ける必要がありますか。

答

拠点となる就農地の市町村において青年等就農計画の認定を受ければ、複数市町村でそれぞれ認定を受ける必要はありません。

ただし、事前にその他の就農予定地の市町村にも相談することが望ましいです。

また、複数市町村において認定を希望する場合は、それぞれの市町村に対して同一の青年等就農計画の内容で認定申請を行うことができます。

問106

市町村はどのような審査体制で青年等就農計画の認定手続きを進めればよいですか。

答

市町村は計画の認定に当たって、「経営・技術」、「営農資金」、「農地」の各課題に対応できるよう、都道府県普及指導センター、農業協同組合、株式会社日本政策金融公庫等金融機関、農業委員会等の関係機関に所属する者及び指導農業士等の関係者で構成するサポート体制又はこれに準じた関係者から意見を聴取することが適当です。

なお、審査は、関係者による面接等の手段により行うことが望ましいと考えます（基本要綱第7・4(5)）。

問107

青年等がA市とB市のそれぞれで青年等就農計画の認定を受け、認定新規就農者となり、その後、A市で認定農業者となった場合、どのような取り扱いとなりますか。

答

A市で認定農業者となった場合、当該農業者の認定就農計画は全て失効します。

問108

農業経営の開始の時点について、どのように判断・確認しますか。

答

農業経営の開始の時点については、認定新規就農者ごとに経営開始に当たっての具体的な手続きが異なるため、次の各事項に該当する時期を踏まえて総合的に判断します。

① 原則として、(ア)農地の取得時期、(イ)主要な資産の取得時期、(ウ)本人名義の取引開始時期のうち、最も早い時期を経営開始時期とします。

②　前述の三要素のいずれかを満たしている場合であっても、研修中や他の事業所等で常勤雇用であるなど、農業経営を開始することができない状態であると認められる場合には、その状態が終わった日の翌日（退職日の翌日等）を経営開始日とします。

③　研修期間中であっても、農業経営と判断されるような農作物等の販売実績がある場合には、農業経営を開始しているものとします。ただし、研修の一環として、研修で栽培した農作物等を販売することが予め計画されている場合など合理的な理由がある場合を除きます。

④　青色申告承認申請書を提出した場合であって、申請書に記載した事業開始日が①の時期より早いときは、申請書に記載した事業開始日が農業経営開始日となります。

⑤　その他、農業所得の申告状況や相続の発生日等を踏まえ、農業経営の開始時期を設定します。

また、右記確認については、次のいずれかの方法により行うこととします。

①　農地台帳又は農地の売買・賃借の契約書等の写しにより確認

②　農業機械・施設の売買・賃借の賃借契約の契約書や購入の際の領収書、固定資産課税台帳等の写しにより確認

③　資材の購入や農業経営の準備等の契約書や購入の際の領収書により確認

一方で、新規就農者の中には、農地や中古機械・施設等を、売方の都合に合わせて研修期間

中等に購入せざるを得ないという事例も見られるため、このような新規就農者に支障を来さないよう、市町村において個別事例ごとに弾力的に判断することができるものとされていますが、その際の判断根拠を書面等で残しておくことが必要です。

問 109

青年等就農計画の達成状況の確認はどのように行うのでしょうか。

認定新規就農者は、青年等就農計画に沿って農業経営の確立に向けた取り組みを着実に進めるため、毎年、市町村に青年等就農計画の達成状況や経営課題等の状況を、基本要綱の参考様式４－３を活用するなどの方法で報告します（※１）。

市町村は、基本要綱の参考様式４－４を活用し、面談するなどの方法で青年等就農計画の達成状況や経営課題等の状況を把握します（※２）。

その上で、必要な場合には、都道府県、農業協同組合、農業委員会、株式会社日本政策金融公庫、サポート体制等（問106参照）、専門家等（問079参照）と連携して指導・助言等を実施し、その指導結果等を整理します。

このような取り組みにより、青年等就農計画の終年である五年目においては、当該青年等就農計画に記載された目標が確実に達成されるよう努めてください（基本要綱 第7の5）。

※1　新規就農者育成総合対策実施要綱別記1の第6の5の⑴及び別記2の第6の2の⑹ア、又は農業人材力強化総合支援事業実施要綱別記1の第6の2⑹アの規定に基づき、就農状況報告を提出している場合は、青年等就農計画の達成状況や経営課題等の状況を報告しているとみなします。

※2　新規就農者育成総合対策実施要綱別記1の第8の5及び別記2の第7の2の⑸、又は農業人材力強化総合支援事業実施要綱別記1の第7の2⑸の規定に基づき、市町村が確認をしている場合は、青年等就農計画の達成状況や経営課題等の状況等を把握しているとみなします。

問110

青年等就農資金を借り受けるための手続きはどのようなものになっていますか。

スーパーL資金と概ね同様の手続き・審査体制を用い、特別融資制度推進会議で審査・認定を行うこととしています。

ただし、認定新規就農者に対する資金である①青年等就農資金（借入額三、七〇〇万円（特認限度額一億円）以内）、②経営体育成強化資金、③農業近代化資金の特例措置に限った審査手続きとして、指導農業士（これに類するものを含む）等が作成する「意見書」及び都道府県が作成する「確認書」、または都道府県（普及指導センター）が作成する「意見書」が付された申請については、原則として、資金貸し付けの審査・認定事務を融資機関に委任できることとしています。

問111

青年等就農資金の貸付対象となる経費はどのような経費ですか。

答

青年等就農資金の貸付対象となる経費は、

① 農地・牧野の改良、造成に必要な資金
② 農地・採草放牧地の賃借権等の取得に必要な資金
③ 果樹の植栽、育成に必要な資金
④ オリーブ・茶・多年生草本・桑・花木の植栽、育成に必要な資金
⑤ 家畜の購入、育成に必要な資金
⑥ 次に掲げる費用の支出に必要な資金

・農機具、運搬用機具等の賃借権の取得に必要な資金
・創立費、開業費等に計上し得る費用に充てるのに必要な資金
・農薬費、肥料費、飼料費等に充てるのに必要な資金
⑦　次に掲げる施設の改良、造成、取得に必要な資金
・農舎、畜舎、農機具及び運搬用機具等
・農産物の生産、流通、加工又は販売に必要な施設等
などの農業経営の開始に必要な経費です。

問112

農業機械のリース料や中古品を購入する場合は貸付対象となりますか。

答

青年等就農資金については、認定新規就農者が農業経営を開始するのに必要な資金を貸し付けるものであり、原則として土地の購入費以外の農業経営に直接必要となる経費を貸付対象としています。従って、農業機械・施設のリース料も貸付対象となります。

また、中古品も貸付対象となりますが、中古品についてはメンテナンスや残存耐用年数等、新品を購入する場合とは異なる事情がありますのでご留意願います。

問113

実質無担保・無保証人による貸し付けとはどのようなものですか。

答

実質無担保・無保証人による貸し付けとは、原則として、融資対象物件以外の担保及び第三者保証人は徴求しない貸し付けです。

問114

青年等就農資金を補助残融資のために貸し付けることができますか。

答

青年等就農資金は、無利子貸付制度であり、補助金と一般営農資金の中間的な役割を担っています。したがって、青年等就農資金を補助残融資（各種国庫補助対象経費のうち、当該補助金の残額に対する資金の貸し付け）として使用することは二重補助的な意味を持つものであり、資金の貸し付けはできません。

なお、青年等就農資金をもって実施する事業に対する都道府県、市町村等による自己負担分（貸付残額）に対する助成は差し支えありません。

問115

認定新規就農者が農地等の取得のため経営体育成強化資金を借り入れる場合の特例措置はどのようなものですか。

資金使途が農地等取得であり、一千万円までのものに対し融資率（八〇%→一〇〇%）及び据置期間（三年以内→五年以内）の特例措置があります。

問116

認定新規就農者が農業近代化資金を借り入れる場合の特例措置はどのようなものですか。

据置期間を原則三年以内から五年以内に延長するとともに、償還期限を原則十五年以内から十七年以内に延長する特例措置があります。

問117

青年等就農資金の融資を受けた後に、青年等が認定農業者の認定を受けた場合は、一時償還の対象になりますか。

答

青年等就農計画の有効期間内に経営改善計画の認定を受け、認定農業者となった場合には、経営改善計画の認定の日をもって、当該青年等就農計画の効力を失いますが一時償還の対象となりません。

問118

青年等就農資金の融資を受けた後に、青年等が離農して農業に従事しなくなった場合の取り扱いはどうなりますか。

認定新規就農者が、離農するなど青年等就農計画に従って必要な措置を講じていない場合、青年等就農計画の認定取消が行われ、一時償還の対象になります。

問 119

農業経営を開始した青年等の死亡等のやむを得ない事情で離農した場合は、一時償還を求めますか。

就農した青年等が不慮の事故や病気で死亡した場合は、「正当な理由がなくて貸し付けの条件に違反」とまで言えないことから、一時償還の事由に該当しません。

問 120

青年等就農計画の有効期間中に、個人の経営を中止し法人の経営に参画する場合、借り受けた資金の残額を一時償還する必要がありますか。

個人の経営が中止されて青年等就農計画の認定が取り消しとなる場合、借り受けた青年等就農資金の残額は、原則として、一時償還の対象となりますが、個人の経営を法人が継承する場合には、一時償還せずに資金の残額を法人が引き受ける場合もありますので、資金の取り扱いについては融資機関に相談願います。

問121

青年等就農資金の特認の融資を受けるための要件は何ですか。

特認の融資を受けるためには、次の(1)～(3)の全ての要件を満たす必要があります。

(1)　認定新規就農者の認定就農計画における農業所得の目標が当該認定新規就農者の所在する地域の平均以上であること

(2)　農業の技術又は経営方法を実地に習得するため、都道府県知事の認定を受けた指導農業士（これに類するものを含む）又は認定農業者が主宰する農業に年間百五十日以上従事した年が二年以上あること。もしくは、指導農業士（これに類するものを含む）又は認定農業者が主宰する農業への従事期間が一年以上あり、農業大学校等の農業経営者育成教育機関における研修と通算して二年以上あること

(3)　指導農業士（これに類するものを含む）等から農業の技術及び経営方法を習得したと認められる旨の意見書（農業経営改善関係資金基本要綱別紙2の(1)）が提出されていること

問122

青年等就農資金の特認の融資を受けるためには、どのような手続きが必要ですか。

答

特認の融資を受けようとする認定新規就農者は、経営改善資金計画書に併せて認定就農計画の写し、青年等就農計画認定書の写し、指導農業士（これに類するものを含む）等から提出された「認定新規就農者の貸付に関する意見書」（農業経営改善関係資金基本要綱別紙2の(1)）を添付して窓口機関に提出する必要があります。

Ⅶ　農業経営基盤強化促進事業

一、総　論

問123　農業経営基盤強化促進事業を実施する際の原則について説明して下さい。

答　一、農業経営基盤強化促進事業は、市町村が実施主体となって行う法第四条第三項各号に定める地域計画推進事業、農用地利用改善事業の実施を促進する事業等をいい、その性格は、農業経営基盤強化促進基本構想で明らかにした育成すべき効率的かつ安定的な農業経営を育てていく手段として法定化された事業です（基本要綱第10）。

本事業の実施の原則は、農用地区域内にある農用地の農業上の計画的かつ効率的な利用を積極的に進める方向でその対象である地域の農業者又は農業に関する団体の意向を尊重するとともに、地域農業再生協議会、農業委員会、農業協同組合、土地改良区、農用地利用改善団体、農地中間管理機構、普及指導センター等関係機関の連携のもと、農業者又は農業に関する団体が地域農業の振興を図るために行う主体的な取組を助長するとの立場から事業が進められなければなりません。

二、別の言い方をすれば、農業者等の主体的な活動に基づく「地域づくりの手法」により地域農業を振興する事業ともいうべきもので、地域における農業者等の話し合いなどを通じてボトムアップ的に地域農業を活性化させようとする気運を醸成しつつ、それを基礎として地域における農業経営基盤の強化を促進しようとする事業です。

三、なお、本事業については、都市計画法第七条第一項の市街化区域と定められた区域では行わないこととされています（問130参照）。

問124

農業経営基盤強化促進事業の実施について、都道府県、市町村段階の推進体制はどうしたらよいか説明して下さい。

答

一、市町村における推進体制（基本要綱第16関連）

農業経営基盤強化促進事業は、農用地等の利用集積、担い手の育成・確保、作付地の集団化、農作業の効率化などを通じ農業経営基盤の強化の促進を図る事業です。このため、その推進体制づくりに当たっては、関係機関・団体及び農業者を含む地域の関係者間の十分な連携・調整が必要ですから、例えば、次のような点に留意して、推進体制づくりをすることが大切です。

(1)　担当部課及び担当者の決定

この事業を始めるに当たって市町村では、総合窓口として、まずこの事業の担当部課(例えば農政課)とその担当者を決めることが必要です。

(2)　市町村段階における推進体制の整備

次に、市町村は、この事業の円滑な推進を図るため、関係機関・団体及び農業者を含む地域の関係者による推進体制を整備することが望まれます。

その体制の下、集落懇談会の開催、解説資料の配布、ポスターの掲示その他あらゆる機会を捉えて関係農業者に対し農業経営基盤強化促進事業の趣旨、仕組み、内容及び進め方などを説明し、啓発・普及に努め、その理解を深めることも重要です。

二、都道府県における推進体制

都道府県は、基本方針の策定、農地中間管理事業特例事業の実施、農業経営基盤強化促進事業の推進等について、都道府県農業再生協議会、都道府県農業委員会ネットワーク機構(農業会議)、農業協同組合連合会、都道府県土地改良事業団体連合会、都道府県農業公社、農業経営・就農支援センターその他の関係機関・団体が一致協力して取り組める体制の整備を図ることが必要です。

問125

農業経営基盤強化促進事業は地域の営農問題に深く関わっていますが、普及組織の果たすべき役割について説明して下さい。

答

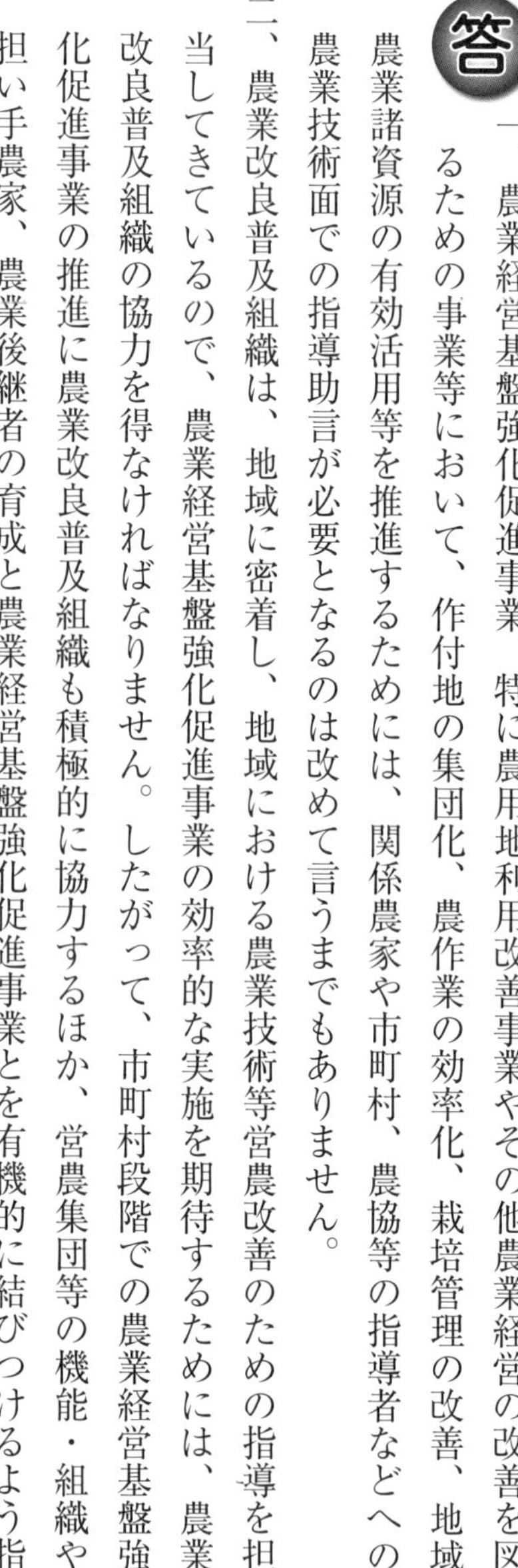

一、農業経営基盤強化促進事業、特に農用地利用改善事業やその他農業経営の改善を図るための事業等において、作付地の集団化、農作業の効率化、栽培管理の改善、地域農業諸資源の有効活用等を推進するためには、関係農家や市町村、農協等の指導者などへの農業技術面での指導助言が必要となるのは改めて言うまでもありません。

二、農業改良普及組織は、地域に密着し、地域における農業技術等営農改善のための指導を担当してきているので、農業経営基盤強化促進事業の効率的な実施を期待するためには、農業改良普及組織の協力を得なければなりません。したがって、市町村段階での農業経営基盤強化促進事業の推進に農業改良普及組織も積極的に協力するほか、営農集団等の機能・組織や担い手農家、農業後継者の育成と農業経営基盤強化促進事業とを有機的に結びつけるよう指導することなど、農業改良普及組織の役割はたいへん重要です。

問126

農業経営基盤強化促進事業を実施する際の手順について説明して下さい。

一、推進体制の整備
（問123を参照）
二、事業実施内容及び手順等の決定
　一の体制の整備にあわせ、市町村が中心となってそれぞれの地域に即した事業実施内容及び手順（重点的事業の内容、段取り、スケジュール等）を決めます。これが種々の協議調整の基となり、後に「基本構想」や「協議の場の設置」、「地域計画」の作成あるいは農用地利用改善事業の推進へと発展していくものです。
三、都道府県基本方針の把握
　基本方針の内容を把握し、目安として参照しながら策定作業に着手します。
四、基礎調査の実施
　この事業の実施に必要な基礎データを収集するため、農用地の保有、利用状況や農業者の農業経営に関する意向等の基礎調査を実施します。
五、基本構想の策定（変更を含む）（法六条、基本要綱第４）

(1)　まず、以上の事業実施体制及び事業準備を整えた後、市町村は基礎調査等を参考に農業経営基盤の強化の促進に関する基本的な構想（基本構想）の案を作成します。案の作成に当たっては、関係機関・団体による推進体制を整備するなどして、原案作成の段階から集落の代表者等の意見を十分聴くとともに、関係機関等と十分協議調整を行います。

(2)　市町村長は、基本構想の案を農業委員会及び当該市町村の区域内にその地区がある農業協同組合の意見を聴きます（省令第二条）。

(3)　市町村は、このように各段階での検討、協議調整を経た後に、基本構想を作成し、所定の様式により知事に協議し、その同意を得ることになります（法第六条第五項、省令第四条）。

六、都道府県知事の同意（法第六条第五項）

都道府県知事は、協議を受けたときは関係部局で連絡調整を図り、関係機関・団体の意見を聴いた上で同意を行うことになります。

七、市町村の公告（法第六条第六項、省令第五条）

市町村は、知事の同意を受けたときは遅滞なく、その同意を受けた基本構想を市町村の公報に掲載するか又は市町村の掲示板に掲載するなど所定の手段により基本構想を定めたこと、その基本構想の内容を公告しなければなりません。

八、基本構想に基づく各事業の実施

このようにして基本構想を作成した後に、これに基づいて農業経営基盤強化促進事業として、地域計画推進事業、農用地利用改善事業、農業協同組合が行う農作業受委託に関する事業、農業者の養成確保を促進する事業、その他の事業がそれぞれ実施されていくことになります。

この事業を円滑に実施するためには、種々の方法により農業者等へ趣旨の普及を図ることが大切です。

二、農業経営基盤強化促進事業（法第十七条、基本要綱第10及び別紙7関連）

問127

農業経営基盤強化促進事業の支柱であった利用権設定等促進事業が廃止され、地域計画推進事業が新設された理由を説明して下さい。

答

一、農地をめぐる現状は、高齢化・人口減少が本格化する中で、農業者の減少や耕作放棄の拡大がさらに加速化し、地域の農地が適切に利用されなくなることが懸念されています。また、農地の分散錯圃が依然、解消されないことが担い手の規模拡大による生産性向上の阻害となり、新たな農地の引受けを困難にしています。

二、こうした状況から、今後の関係施策の方向を検討するため、農林水産省は農地に係る既存施策の見直しを行い、「人・農地など関連施策の見直し」をとりまとめ（令和三年五月）ました。その中で、農地については次の具体的施策の方向が示されました。

①　人・農地プランの法定化（地域計画）とその内容として、「農地を将来にわたって持続的に利用すると見込まれる人」として多様な経営体等を認定農業者等とともに位置づけ、農地の集約化に重点を置いて、地域が目指すべき将来の農地利用の姿（目標地図）を明確化する。

②　機構の活動について、「目標地図」の実現に向けて、関係機関一体となって、体系的、能動的に貸借等を推進し、農地の貸借を促進するルートとしては農地バンク（機構）を経由する手法を軸とする。この場合、農地バンクによる貸借の運用を抜本的に見直す。

三、前述二②の方向に沿い、市町村作成の農用地利用集積計画は農地中間管理機構作成の農用地利用集積等促進計画に統合一体化されることとなりました。統合一体化の理由は、令和三年十二月にとりまとめられた「人・農地など関連施策の見直し」の対応方向において、「目標地図を実現するには、個々の要望に応じた相対の貸借では困難であり、公的主体の計画は、地域全体で農地の利用関係を再構築する手法に統合することが必要。農地集約化を推進するため、農地バンク経由の転貸を集中的に実施する」とより明確にされています。

四、このような経緯から、農用地利用集積計画を要とする利用権設定等促進事業は廃止され、地域計画推進事業（基盤強化法基本要綱第11）が新設されました。地域計画推進事業は、市町村が事業主体となり、農業者等による話し合いを踏まえ、地域の農地の利用調整の方向、将来の農地利用の姿を目標地図に表示する事業と、目標地図を含む地域計画の達成に向けて各種事業を組み合わせて機構事業を通じた利用権設定等を積極的に推進する事業であります。なお、この地域計画は権利移動の方向付けで、集団的権利移動の手法ではありません。その権利移動の具現化は、農地中間管理事業法に基づき、農地中間管理機構が作成する農用地利用集積等促進計画が行うスキームとなっています。この場合、地域計画の実効性を確保するため、農地中間管理機構は、地域計画の達成に向け農用地利用集積等促進計画を作成し、農地の貸借等を促進することとされています（農地中間管理事業法第十八条）。

（注）農地中間管理機構による権利移動は、従前の公募で農地中間管理機構に登録された者への権利移動から、改正後は目標地図に表示された者への権利移動（目標地図と異なる内容の農地の権利移動は計画に原則規定できない）となりました。機構事業の考え方は公募重視から、地域の協議重視へと変更されました。

問128

農用地利用集積計画を農地中間管理機構作成の農用地利用集積等促進計画になぜ統合するのでしょうか。その理由を教えて下さい。

答

一、地域計画の一部として作成される目標地図は、農地の集約化に重点を置いて、地域が目指すべき将来の具体的な農地利用の姿を明確化し、農業を担う者ごとに利用する農用地を表示したものとされます。この「目標地図」の実現に向けては、農地の集約化に重点を置いて、関係機関一体となって体系的・能動的に貸借等を推進することが重要であるが、農地の貸借を促進するルートとしては、「個々の要望に応じた相対の貸借では困難であり、公的主体の計画は、地域全体で農地の利用関係を再構築する手法に統合することが必要。農地集約化を推進するため、農地バンク（機構）経由の転貸を集中的に実施する」という考えが農水省から示されました（「人・農地など関連施策の見直し」の対応方向（令和三年十二月））。

二、すなわち、①市町村の農用地利用集積計画は相対の貸借等を前提としていますが、個々の要望に応じた相対の貸借等を重ねても、予定調和的に集約化等を実現することは困難であること、②これに対し、農地中間管理機構経由の転貸は、計画・事業主体である農地中間管理機構が中間管理権を有し、農家負担ゼロの基盤整備や集積のための協力金など各種事業・助成金等を活用できることから、農地の集約化に重点を置き、地域全体での協議の結果作成された目標地図を実現する権利移動の手法としては、農地中間管理機構経由の転貸が有効であると判断されることなどから、市町村の農用地利用集積計画は農地中間管理機構が作成する農用地利用集積等促進計画に統合されたわけです。

三、この結果、農地の集約化に向けた権利移動は、新基盤強化法の目標地図を含む地域計画の方向付けを受け、新農地中間管理事業法の農用地利用集積等促進計画でこれを具現化するという二つの法律に跨るスキームとなりました。従前に比すると、権利移動手続きが複雑化した感はありますが、農地中間管理機構の農地中間管理事業が公募重視から、地域の協議重視（地域計画実現の手段としての機構事業の位置づけ）となったことは令和四年一部改正法の最大の特色と考えられます。

問129

農用地利用集積計画は農地中間管理機構作成の農用地利用集積等促進計画に統合されることに懸念はないのでしょうか。手続きが煩雑になることや、農地中間管理機構の処理能力に問題はないのでしょうか。

答

一、農用地利用集積計画が、農地の集団的な権利移動の手法として広く関係者から信頼され、農地移動で顕著な実績があることなどから、現場段階で次のような懸念があることは承知しています。

①　目標地図で表示された権利移動の方向付けが、機構事業において的確に具現化されるのか。農用地利用集積等促進計画の策定に当たっては都道府県知事の認可を要することとなるが、円滑な手続きは確保されるのか。

②　平成三十年時点で、農地中間管理機構策定の農用地配分計画は、四万七千件、四万五千ヘクタール、そこに市町村の農用地利用集積計画が加わり、四十三万件、二十五万ヘクタールとなる。これだけの膨大の量を農地中間管理機構は処理する能力を有しているのか。

二、これらの懸念については、次の①～③の措置の活用などにより、相当軽減されるものと説明されています。

①　農地中間管理機構の促進計画策定に当たり、農業委員会による農地中間管理機構に対する要請が規定（改正農地中間管理事業法第十八条第十一項）され、要請を受けた農地中間管理機構は、当該要請の内容を勘案した促進計画を定める（農業委員会による積極的な要請活動）。

②　促進計画の認可及び公告の知事事務について、地方自治法第二百五十二条の十七の二の規定により、市町村の長に事務委譲することは可能であること、また、委譲を受けた市町村の長は同法第百八十条の二の規定により、当該事務を農業委員会に委任することができることから、これの周知を図る（地方自治法の事務委譲の推進）（農地中間管理事業法基本要綱第6の8の⑷）。

③　手続きの簡素化については、農地中間管理事業法基本要綱第6の8の⑸において、促進計画の知事への認可申請時の添付書類を省略できる場合が規定されています。また、農地中間管理機構は、計画作成に当たって真に必要な書類のみを収集するなど、農業者等の負担軽減にも努めるものと指導されています（事務負担軽減措置の周知と適切な運用）。

このほか、機構の体制整備についても、令和五年度予算で農地相談員（農地コーディネーター）の増員などの支援が講じられることとされています。

問130

農業経営基盤強化促進事業は、市街化区域内で実施できますか。

答

一、市街化区域内における農業経営基盤強化促進事業の実施

法第十七条第二項の規定により市街化区域では実施できませんが、市街化区域であっても、市街化区域以外の農用地と一体として農業上の利用が行われている農用地の存する区域においては、農業経営基盤強化促進事業を実施することが可能です。その区域としては、例えば、

(1)　市街化区域以外の区域内の農用地と連担している農用地（農道及び用排水路を除く河川・道路等で分断される場合を除きます）で農作業の一体性の確保上必要不可欠な農用地が存する区域

(2)　農業集落程度の地縁的まとまりを有する農業経営基盤強化促進事業を実施する土地の区域で、その土地の大部分が市街化区域以外の区域にある場合における市街化区域内に存する農用地の区域

が該当します。

二、その他都市計画との調整等

(1)　市街化区域では、農業経営基盤強化促進事業、農地中間管理機構が行う特例事業、農業委員会が行う法第十六条の利用関係の調整、勧奨等及び農用地利用改善団体が行う法第二十六条第一項に規定する勧奨を実施しないでください。

(2)　農業経営基盤強化促進事業及び農地中間管理機構が行う特例事業には、河川区域内の区画形質の変更及び水利権の変更並びに国土交通省河川局所管事業は含まれませんし、農業経営基盤強化促進事業には、農業用道路、農業集落道等農業生産基盤施設の整備に関する事業及び国土交通省所管事業は含まれません。

問131

市町村が、基本構想において農業経営基盤強化促進事業の実施地域を、例えば農用地区域に限定することは適当でしょうか。

答

一、農業経営基盤強化促進事業は、市街化区域を除く市町村の区域一円（詳しくは問130を参照）において実施できることとされております。したがって、基本構想において、実施地域を、例えば農用地区域に限定することは適当ではありません。

二、ただし、土地利用の実態をみると市街化区域以外の区域においても例えば次に掲げるように農業経営基盤強化促進事業を実施することが原則として適当でない地域もあります。

(1)　市街化区域及び市街化調整区域に関する都市計画が定められていない都市計画区域における「用途地域」内において、おおむね五年以内に事業化が見込まれる都市施設（道路、水路等線的形状の施設を除く）若しくは市街地開発事業（都市計画法第十二条第一項第一号（土地区画整理事業）及び第二号（新住宅市街地開発事業）に掲げる事業に限る）に関する都市計画が定められている区域又は土地区画整理法第四条第一項（土地区画整理事業の個人施行）の認可若しくは第十四条第一項（土地区画整理組合の設立）の認可に係る施行地区が定められている区域。

(2)　開発許可が行われた土地の区域（農地転用の許可を要する場合は、農地転用許可が行われた区域に限る）。

(3)　都市基盤整備公団及び地域振興整備公団の用地取得に関する事前調整のととのった土地の区域。

(4)　地方拠点都市地域の整備及び産業業務施設の再配置の促進に関する法律第三十一条第一項にもとづき開発行為又は建築行為等に関する事項が基本計画に定められた市街化調整区域に存する拠点区域内の土地の区域。

このため、農業経営基盤強化促進事業を円滑に進める上で農業振興地域内の土地を対象として積極的な推進を図ることが地域の実情からみて適切であると認められる場合もありますので、このような場合に必要な地域（例えば農業振興地域）に限定する旨の定めをすることは、差しつかえありません。

三、いずれにしても、農業経営基盤強化促進事業の実施については、都市計画担当部局との調整が必要とされる場合もありますので、基本構想の承認に当たっては、都道府県の農林担当部局は、都市計画担当部局に対してあらかじめ連絡・調整することが適当です。

問132

農業経営基盤強化促進事業を実施する場合の林業的土地利用との調整はどのようにすればよいのでしょうか。

答

一、農業経営基盤強化促進事業は、地域計画推進事業、農用地利用改善事業等の実施を促進する事業であり、その実施に当たっては地域の条件に応じ混牧林をはじめとする山林の畜産的土地利用も積極的に推進していくことが期待されています。具体的に、林業的土地利用との関係では法第四条第一項第四号の「開発して農用地又は農業用施設の用に供される土地」として地域森林計画対象森林の土地につき地域計画を定めるに当たっては、当該土地が農用地区域内又は農用地区域編入予定区域（農振法の農用地区域内に含めるべき区域として、林業関係者・団体を含めた市町村農業振興促進協議会において調整を了し、以後の手続きを行うことを決定された区域をいいます）内の土地である場合に行うよう留意して下さい（基本要綱（別紙7）第2・1）。

二、農業経営基盤強化促進事業の円滑な推進を図るため、事業実施上の重要事項について森林組合の意見を聴くことが適当と考えられます（基本要綱（別紙7）第2・2）。

問133

地域計画推進事業はどういう趣旨の事業でしょうか。利用権設定等促進事業との違いはどこにありますか。

新基盤強化法による地域計画推進事業（基盤強化法基本要綱第2及び第11）は、農用地の効率的かつ総合的な利用の確保を推進するため、市町村が行う事業で大別して次の二つの取り組みからなります。

① 地域計画の策定

農業者等による協議の結果を踏まえ、地域の農用地の効率的かつ総合的な利用に関する目標等を定めた地域計画を策定（人・農地プランの法定化）し、その地域計画においては「農業を担う者」ごとに利用する農用地等を定め、地図（目標地図）に表示すること。

② 地域計画の達成に向けての取組

地域計画の達成に資するよう、様々な取組を行い、農地中間管理機構による農地中間管理事業及び特例事業を通じて利用権の設定等を促進すること。なお、地域計画の達成の実現に向けての具体の農地の権利移動は、農地中間管理事業法第第十八条に基づき、農地中間管理機構が作成する農用地利用集積等促進計画に委ねられる仕組みです。
これに対して、旧基盤強化法による利用権設定等促進事業（その要としての農用地利用集積計画）は、市町村の計画策定・公告により当事者間で集団的に、農地法の諸統制の適用除外を伴った農地の権利移動を制度化した事業であり、この点が大きく違っています。

（農業者等による協議の場の設置等）

問134

市町村は円滑な協議運営に向けて、どのような体制を整え、準備すればよいでしょうか。

答

市町村は、協議を円滑に進めるため、推進体制を整備することとされます。具体的には、集落等の代表、農業委員会、農地中間管理機構、農業協同組合、土地改良区、都道府県（農業振興部局、普及指導員）等と相談・調整の上、役割分担を明確化した推進体制を整えます。

次に、協議開催の準備として、関係者の理解と協力を得るため、農業委員会の情報提供を受け、地域の農業者の年齢別構成及び農業後継者の確保状況等の情報を基に作成した地図を活用した情報の提供やその他の必要な措置を講じてください。

「その他の必要な措置」としては、説明会の開催や関係者へのアンケート調査等を行うとともに、当該協議を経て作成される地域計画では、農業を担う者ごとに将来利用する農用地等が目標地図でイメージとして公表されることを十分に周知すること等が考えられます。

問135　協議の場の設置区域はどうなりますか。

協議の場の区域については、「自然的経済的社会的諸条件を考慮して一体として地域農業の健全な発展を図ることが適当であると認められる区域（法第十八条第一項）と規定されています。この「自然的経済的社会的諸条件を考慮した区域」については、既存の人・農地プランの範囲も参考としつつ、集落・隣接した複数の集落・大字・旧小学校区など、地域の状況に応じて市町村の判断で設定することとなります。

問 136

協議の場は、既存の類似の場を活用することはできますか。

協議の場の設置に当たっては、農村地域における担い手の確保や農用地の利用、土地改良施設の維持・更新等に関する既存の話し合いの機会を活用することが有効であるとされています。既存の話し合いの機会としては、経営所得安定対策等推進事業実施要綱に定める地域農業再生協議会における水田収益力強化ビジョンや中山間地域等直接支払交付金の集落協定、農業農村整備事業に関する事業計画、果樹産地構造改革計画、有機農業の管理計画等の議論の場の活用が考えられます。また、地域の計画的な土地利用の確保のためには、活性化法により設置された協議会と一体的に推進することが有効です（基本要綱別紙８の第１）。

問137

協議の場の参加者はどうなりますか。

一、協議の場の参加者は、地域計画の策定者である市町村のほか、
①　農業者
②　農業委員会、農地中間管理機構、農業協同組合、土地改良区等の関係機関
③　地域計画の関係者（都道府県の普及指導センター・出先事務所や農産物の販路先となる事業者、農村型地域運営組織（農村ＲＭＯ）等
となります。

二、なお、農業者については、法律上全員の参加が義務付けられてはいませんが、地域の農業の将来の在り方等を話し合う重要な場でありますので、できる限り幅広い農業関係者（注）に参加していただいた上で、参加が難しい場合でも意思表明が確実に確保されることが望ましいと考えられます。

（注）幅広い農業関係者の例
集落の代表者、認定農業者等の担い手、農地所有者の代表者、若年者や女性、隣の集落の担い手、新規就農者、農業法人・企業等

問 138

協議の場で協議する事項は、どのようなことを話し合えばよいのでしょうか。

一、協議の場においては、関係者により地域計画に係る次の三つの事項を協議します。

①　協議の場が設けられた区域における農業の将来の在り方

（区域の現状や課題を踏まえ、米から野菜、果樹等の高収益作物への転換、輸出向け農産物の生産、有機農業の導入、耕畜連携による飼料増産、水田の畑地化等地域の所得向上の観点から、どのような作物を生産するかなど地域の実情を踏まえて目指すべき地域の農業の在り方）

②　協議の場が設けられた区域における農業上の利用が行われる農用地等の区域

（今後も農地として利用するエリアをどう設定するか、農地については、今後もできる限り農業上の利用が行われるよう、まずは、農業振興地域を中心に農業上の利用が行われる農用地等の区域を設定することを基本としつつ、農業生産利用に向けた様々の努力を払ってもなお農業上の利用が困難である農地については、保全等が行われる区域とするなど、地域の現状や将来の見込みを踏まえて、地域の農地をどう利用していくべきか等）

③　その他農用地の効率的かつ総合的な利用を図るために必要な事項

（①②を基に十年後の将来の目指すべき姿で次に掲げる事項について話し合いを行い、取りまとめます。

ア　農用地の集積・集約化の方針（担い手への集積方針や団地数の削減、団地面積の拡大など）、イ　農地中間管理機構の活用方針（農用地の集積・集約化に向けた農地中間管理機構の活用方法など）、ウ　基盤整備事業への取組方針（農用地の大区画化・汎用化等の基盤整備事業の工程や導入時期など）、エ　多様な経営体の確保・育成の取組方針（新規就農者や経営の規模の大小、家族が法人かの別にかかわらず、地域農業を支える多様な経営体の確保育成や関係機関との連携など）、オ　農業協同組合等の農業支援サービス事業体への農作業委託の活用方針（バンクへの集積を踏まえ、農業支援サービス事業者等への地域の状況に応じた農作業の委託方法など）

二、①～③の協議の結果を踏まえ、市町村が目標地図を含む地域計画を策定することとなります。

問139

市町村は、協議の場の運営をどのように進めたらよいでしょうか。

一、市町村は、人・農地プランの取組を参考に協議の場に幅広い関係者の参加を呼びかけます。

作成済みの人・農地プラン等を土台に協議を進めます。その際に、市町村は「地域計画は地域の意向を取りまとめ、公表する」ものであることを周知して下さい。

協議を進めるに当たっては、協議の場が設けられた区域の状況に応じ、

① 担い手が地域に十分存在するときは、担い手を中心とする受け手の話し合いを設け、将来の農地の集積・集約化の方向性（注）を確認し、

（注）農地の集積・集約化の方向性を話し合うに当たっては、農用地の受け手の農業経営に支障が生じないようにする必要があります。このため、農用地を集約化した上で作業をしやすくする、出し手が保全管理に参画するなど受け手の営農条件を整えることに配慮するとともに、受け手の意向も十分踏まえることが必要です。

② 他方、担い手がいない、話し合いの土台がない、あるいは話し合いが低調の場合は、幅広い関係者が時間をかけて丁寧に協議を進めることに心掛けて下さい。

二、協議の進め方のポイントとしては、

一の①の場合は、計画の案を示した上で参加者の意見を取りまとめるプレゼンテーション方式（対話型説明会、セミナー等）を活用することにより、少ない回数で取りまとめても構いません。

一の②の場合は、関係者の話し合いをベースとしたワークショップ（話し合いによる合意形成、座談会など）を活用し、地域の将来の在り方や地域づくりなどを話題に段階を踏んで（例えば地域の課題を掘り起こし、課題の集落での共有化、課題解決に向けての議論の進化）、集落の目指すべき姿を徐々に創っていくことが考えられます。

問140

協議の場に当たり、関係機関の役割にはどのようなことがありますか。建設的な協議のため、各々の機関が提供する資料は何でしょうか。

答

市町村は、人・農地プランの実質化の取組を踏まえ、関係機関と調整・確認し、その役割分担を設定します。役割分担の一応の考えは次のとおりです（機械的でなく、地域の実態に応じて柔軟に設定します）（基盤強化法基本要綱第11・2⑤）。

都道府県：都道府県内の進捗管理・都道府県段階の関係機関との連絡体制の構築・関係機関一体による市町村のサポート、普及指導員の派遣等・新規就農者等の情報提供（農業経営・就農支援センター）等

市町村　：全体の進捗管理・関連する市町村段階の各種計画や協定の洗い出し、協議の場の運営に当たっては、コーディネーターの派遣・新規就農者や後継者等の情報提供・担い手の協議の場の設置等

農業委員会：農業委員や農地利用最適化推進委員の協議の場への参加確保、農地の出し手・受け手の意向把握・情報提供・新規就農者や後継者の把握・情報提供、遊休農地・所有者不明農地の把握・情報提供等

農地中間管理機構：地域外の受け手の情報収集・意向把握・地域への提供

農業協同組合：地域農業振興基本計画、組合員の経営意向の把握・提供、ＪＡや子会社が行う担い手の支援・確保に関する情報提供

土地改良区：土地改良事業・施設改修の計画、土地改良施設の整備状況に関する情報提供、組合員の経営意向の把握・提供

なお、関係機関が協議の場において提供する資料の考え方については、基盤強化法基本要綱別紙8の第2を参照して下さい。

問141

協議の場でどの程度、話が煮詰まれば、合意に達した、一定の方向が出たと判断できるのでしょうか。

答

地域計画は、市町村が農業者等の協議の結果を踏まえ、地域における農業の将来の在り方や農用地の効率的かつ総合的な利用に関する目標として農業者ごとに利用する農用地等を表示した地図（目標地図）などを明確化し、公表したものです。地域計画はそれぞれの地域の農業の発展に向けたマスタープランとなるものであり、また地域の農業の情勢変化に対応する必要がある点から、地域計画の期間は、基本構想の計画期間と同様に、おおむね5年ごとに、その後の十年間について定めることとされています。

したがって、協議の場で合意に達した、一定の方向が出たと判断できるのは、このような地

域計画の趣旨・内容から見て十分な協議が行われ、その結果、話し合いが取りまとめられ、またその内容である地域計画に定めるべき事項が当該地域の農業の現状に照らして適切な水準に達していると認められる場合と考えられます。このため、地域計画は、協議の結果の内容が農用地の効率的かつ総合的な利用を図る見地から、相当であると市町村が定めるものとされています（新基盤強化法第十八条・第十九条、新基盤強化法施行令第六条第二項）。

問142

協議の場で協議事項がまとまらない場合（合意ができない場合、一定の方向が出ない場合）どう対応したらよいでしょうか。

答　一、協議の結果の内容が、農用地の効率的かつ総合的な利用を図る見地から見て相当でないと考えられる場合において、拙速に地域計画を定めようとすることは、地域計画の趣旨に照らして適当でありません。

この農用地の効率的かつ総合的な利用を図る見地から見て相当でないと考えられる場合とは、十分な協議がなされない場合、協議の結果話し合いがまとまらない場合、地域計画に定めるべき事項が当該地域の農業の現状に適切な水準に達していない場合などです。

二、市町村は、このような場合に該当するときの対応としては、地域計画の作成に向け、次の協議を円滑に進めるための必要な措置を講ずるものとされています（新基盤強化法施行令第六条第三項）。農用地の出し手となる所有者等や受け手となる認定農業者等の関係者との調整や協議内容に関するアンケートの実施、協議をコーディネートする専門家の活用など地域の実情に応じた適切な措置を講じることが大切です。

問 143

旧農地中間管理事業法に規定する農業者等による協議の場での話し合いの結果を活用できますか。

これまでの人・農地プランの取組みにおいて、次の事項について協議され、旧農地中間管理事業法第二十六条第一項の規程により公表されているときは、その結果を地域計画の策定の前提である協議の結果とみなすことができると示されています（一部改正法附則第十一条第二項）。

① 当該区域における農業の将来の在り方
② 農業上の利用が行われる農用地等の区域
③ その他農用地の効率的かつ総合的な利用を図るために必要な事項

問144

地域計画・目標地図作成の目的を教えて下さい。

（地域計画・目標地図の作成）
（全体関係）

答

一、地域計画作成の目的は、市町村が、農業者をはじめとする幅広い関係者による話し合いを踏まえて、地域における十年後の農業の将来の在り方や、その在り方に向けた農地利用の姿（農用地の効率的かつ総合的な利用に関する目標として農業者ごとに利用する農用地等を表示した地図（目標地図））などを明確化し、公表するとともに、地域計画の達成に向けて、市町村・農業委員会を中心に、関係機関の連携協力で様々な取組みを推進し、農地中間管理機構が作成する農用地利用集積等促進計画を通じて目標地図で示された権利移動の具現化を図るものであります。

二、なお、地域計画の実効性を確保するため、農地中間管理機構は、地域計画の達成に向け農用地利用集積等促進計画を作成し、農地の貸借等を促進することが農地中間管理事業法に規定されています（新農地中間管理事業法第十八条）。地域計画は、いわば機構事業の企画、方向付けである一方、地域計画にとって機構事業は権利具現化の手段との関係になりました。

問145

地域計画と人・農地プランとの違いは何でしょうか。

答

一、地域計画と人・農地プランはともに地域の農業者等の協議の結果を踏まえ、市町村が策定し、公表される点においては共通するものの、その策定の根拠や計画内容に大きな違いがあります。具体的には、地域計画は法定計画ですが、人・農地プランは違うこと、またその内容も地域計画は農業の将来の在り方や農用地の効率的かつ総合的な利用に関する目標として農業を担う者（担い手に限らず、多様な経営体）ごとに利用する農用地等を表示した地図（目標地図）などを明確化し、公表されものであるのに対し、人・農地プランは地域において中心的な役割を果たすことが見込まれる経営体、地域における農業の将来の在り方などを明確化し公表されるものです。

二、地域計画は人・農地プランが法定化され、その内容も、地域の将来の農業・農地利用の方向付けを表示するものとしてより精緻化、具体化されたともいえます。

いずれにしても、人・農地プランは、地域計画と密接な関連性があることから、地域計画策定に当たっては、これまでの人・農地プランを土台にすること、また、これまでの人・農地プランの取組において地域計画で定める一定の事項について協議がなされているときは、その結果を地域計画策定の前提である協議の結果とみなすことができる（一部改正法附則第十一条第二項）とされています（問143参照）。

問146　地域計画の策定期限はいつまでですか。

地域計画は一部改正法の施行日（令和五年四月一日）から二年を経過する日（令和七年三月三十一日）までに策定する必要があります。

問147

地域計画は策定期限までに完璧な計画を作らなければならないでしょうか。

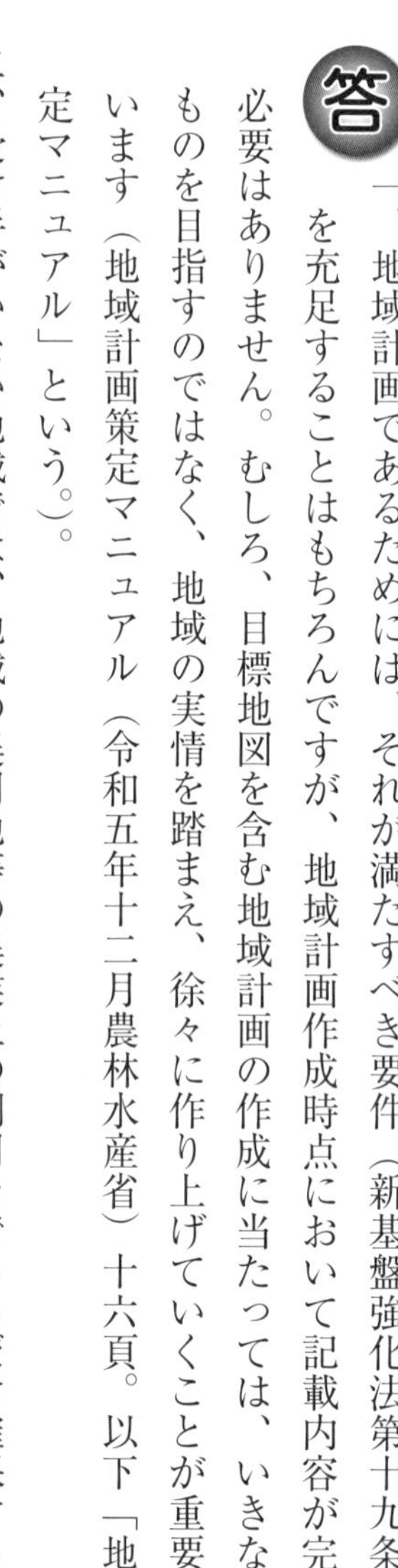

一、地域計画であるためには、それが満たすべき要件（新基盤強化法第十九条第四項）を充足することはもちろんですが、地域計画作成時点において記載内容が完璧である必要はありません。むしろ、目標地図を含む地域計画の作成に当たっては、いきなり完璧なものを目指すのではなく、地域の実情を踏まえ、徐々に作り上げていくことが重要とされています（地域計画策定マニュアル（令和五年十二月農林水産省）十六頁。以下「地域計画策定マニュアル」という。）。

二、受け手がいない地域では、地域の農用地等の農業上の利用をできるだけ確保するため、当面、例えば次の①や②の組織への農作業の委託や③、④の対応などが考えられます。

①　多面的機能支払交付金や中山間地域等直接支払交付金の活動組織の活用を検討
②　農業協同組合等の農業支援サービス事業者等の活用を検討
③　新規就農者や農業法人、企業の誘致を検討
④　省力的な管理が可能である飼料作物の生産や放牧を検討

その上で、受け手が直ちに見つからない等最終的な合意が得られなかった農地について

は、当初の目標地図では「今後検討等」として受け手をあてはめないこともありえます。目標地図の策定後にも随時調整しながら更新するようにして下さい。重要なことは、区域内の農用地等における農業を担う者を関係者が一体となって不断に探し続けることです。

（地域計画の作成・変更）

問148　地域計画の記載事項を教えて下さい。

答　地域計画は、協議の場で取りまとめた方針を踏まえ、次の事項を定めることとしています（基本要綱第11の3の(1)）。

① 地域計画の区域
② ①の区域における農業の将来の在り方
③ ②の在り方に向けた農用地の効率的かつ総合的な利用に関する目標
④ 農業者その他の①の区域の関係者が③の目標を達成するためにとるべき農用地の利用関

係の改善その他必要な措置

問149　地域計画が満たさなければならない要件を教えて下さい。

答　一、地域計画は、次の要件を満たす必要があります（新基盤強化法第十九条第四項、基本要綱第十一の3の(3)）。

①　基本構想に即するとともに、農業振興地域整備計画その他法律の規定による地域の農業の振興に関する計画との調和が保たれたものであること

②　効率的かつ安定的な農業経営を営む者に対する農用地の利用の集積、農用地の集団化その他の地域計画の区域における農用地の効率的かつ総合的な利用を図るため必要なものとして農林水産省令で定める基準に適合すること

この場合、「効率的かつ安定的な農業経営」とは、経営の効率化を上げて生産性を高め、長期にわたり安定的に所得を確保して農業を行っていくような経営をいい、「農用地の効率的かつ総合的な利用」とは、農地が使われることがないように集積・集約化等により、農用地の利用の効率化を上げて生産性を高め、農地が適切に使われるようにすること

であり、このことが個々の農地だけでなく、地域全体で総合的に図られるようにすること」をいうとされます。

二、一②の農林水産省令（基盤強化法省令第十八条）で定める基準に適合することとは、具体的には、次の事項が適切に定められていることとされます。

ア　地域計画の区域における生産する主な農畜産物（地域の地域農業振興計画等を踏まえて、将来的にどの作物の生産を振興するのか、どのような産地形成を図るのか等を記載します）

イ　当該区域における農用地等の利用の方針（区域内の農用地の利用集積・農用地の集団化（集約化）の進め方等を記載します。有機農業を行うエリア、新規参入を促進するエリア等を設定することについても記載してください）

ウ　当該区域における担い手（効率的かつ安定的な農業経営を営む者）に対する農用地の集積に関する目標（基本構想に定める目標に即して、地域計画の区域ごとに定量的な目標を設定します。中山間地域や担い手が著しく不足する地域などにあっては、地域の実情に即して、目標設定することも可能です）

エ　当該区域における農用地の集団化（集約化）に関する目標（これについては、団地（一の耕作者によって利用される連坦した農地であって、概ね一ヘクタール（中山間地域では概ね〇・五ヘクタール）以上のものに該当する農地面積の増加を進めるものとします。

（団地数については、地域によって、既存の団地の集団化によって減らしていくことが適当な場合もあれば、分散した小規模農地の集団化によって新規の団地を増していくことが適当な地域もあるため、一律な目標設定はしないこととします）ただし、樹園地等において、自然災害や病害虫からのリスク分散等の観点から、必ずしも集団化を進めることが適切でない土地については、農用地の集団化の対象から除くことができます）

オ　ウ及びエの目標を達成するためとるべき措置（農用地の利用の集積及び集団化に向けた具体的な取組の内容として、農地中間管理機構の活用方法、基盤整備事業の取組、農業を担う者の確保・育成、農作業受委託の取組、農業用施設の整備に関する事項を記載してください）

問 150

地域計画の作成・変更手続きを説明して下さい。

答

一、地域計画の作成手続き

地域計画の作成に当たっては、市町村が、協議の場で取りまとめた方針を再確認し、以下の手順で進めることとなります。この場合、重要なことは、目標地図を含む地域計画は、いきなり完璧なものを目指すのではなく、地域の実情を踏まえ、徐々に作り上げていくことが重要です（地域計画策定マニュアル十六頁）。

(1)　地域計画の案の作成（要綱第十一の３の(1)）

協議の結果を踏まえ、市町村が具体的な地域計画の案を作成します。地域計画では、次の事項を定めます。

①　地域計画の区域
②　①の区域における農業の将来の在り方
③　②の在り方に向けた農用地の効率的かつ総合的な利用に関する目標
④　農業者その他の①の区域の関係者が③の目標を達成するためにとるべき農用地の利用関係の改善その他必要な措置

(2)　目標地図の作成（要綱第十一の３の(2)）

①　市町村による目標地図の作成

市町村は、(1)の③の目標として、(1)の①の区域において農業を担う者ごとに利用する農用地等を定め、目標地図に表示するものとします。市町村は、農業委員会に対し、目標地図の素案を作成し、提出するよう求めます（目標地図の考え方については、基本要綱別紙９，問157を参照してください）。

また、地域計画には、農業を担う者として、その後の十年間につき、農業経営を営むことが見込まれる者又は委託を受けて農作業を行うことが見込まれる者を記載します。

なお、「農業を担う者」としては、将来において農用地等を利用する者として次の者が考えられます。

(i)　認定農業者等の担い手（認定農業者、認定新規就農者、集落営農組織、基本構想水準到達者）

(ii)　(i)以外の多様な経営体（継続的に農用地利用を行う中小規模の経営体、農業を副業的に営む経営体等）

(iii)　委託を受けて農作業を行う者

また、農業を担う者として位置付けられた者が病気、怪我等の不測の事態により、農用地等の利用を継続できなくなる状況が生じる可能性もあることから、そのような状況において代わりに農用地等の利用を行う者を、可能な範囲で、あらかじめ位置付けておくことが望ましいと考えられます。

②　農業委員会による目標地図の素案の作成

ア　農業委員会は、実質化した人・農地プランの現況地図を基に、利用状況調査、利用意向調査、日常の個別訪問や相談活動などで把握した出し手・受け手の意向等の情報に加えて、農地中間管理機構など関係機関の協力で得た地域外の受け手候補情報などを踏まえて、農地の集団化の範囲を落とし込み、目標地図の素案を作成します。

この際、出し手・受け手との調整に当たっては、市町村とも連携しながら、「目標地図は、農地ごとに将来の受け手をイメージとして印すものであり、これによって権利が設定されるものではないこと」、「権利設定のタイミングは、目標年度まで柔軟に調整でき、農地の出し手が将来耕作できなくなった段階で受け手が引き受ければ良いこと」などを丁寧に説明してください。調整相手が地域外の受け手候補の場合には、農地中間管理機構の農地相談員に借受けに係る条件等の調整をお願いすることとなります。

イ　受け手がいない地域では、当面、地域の農用地等の農業上の利用をできる限り確保するため、次のような組織へ農作業を委託することを検討してください。

(ⅰ)　中山間地域等直接支払交付金等の活動組織

(ⅱ)　農業協同組合等の農業支援サービス事業者

(ⅲ)　農村型地域運営組織（農村ＲＭＯ）

このほか、新規就農者や農業法人、企業の誘致等の対応も考えましょう。これに関連し、あらかじめ、地域計画に新規就農者等の受け入れ方法を明記し、目標地図に受け入れエリアの設定を行うことは、地域外の農業参入希望者にとっては重要な情報になると考えます。

ウ　その上で、目標地図の作成時にこれらの受け手が見付からない等最終的な合意が得られなかった農地については、当初の目標地図では「今後検討等」として受け手をあてはめないこともあります。作成後にも調整しながら、目標地図を随時変更するようにしてください。区域内の農用地等における農業を担う者を関係者が一体となって不断に探し続けることが重要です。

(3)　地域計画の作成・変更時の意見聴取

市町村は、地域計画を定め、又は変更するときは、軽微な変更を除き、あらかじめ、農業委員会、農地中間管理機構、農業協同組合その他の関係者から意見を聴取します。

また、市町村は、地域計画の案の公告の前に説明会を実施し、できる限り関係者の理解が得られるように配慮してください。地域の方向性を共有するうえで重要な手続きです。

(4)　地域計画の案の公告（二週間の縦覧）（問151参照）

(5)　地域計画の公告（問151参照）

（都道府県、農業委員会、農地中間管理機構へ写しを送付）

二、地域計画の変更（基本要綱第十一の4）

(1)　市町村は、地域計画作成後において、

ア　受け手がいない農用地で新たに受け手が見つかった場合

イ　新たに有機農業や輸出産地づくりに取り組むため農地利用の在り方を変更する場合

ウ　公共用地や農業の振興を図るために必要な施設等の用地に供するため農地を転用する

場合など、

情勢の推移により必要が生じたときは地域計画を変更します。

この際、「軽微な変更」※を除き、関係者の意見聴取、公告・縦覧を経て地域計画を定める必要があります。

※「軽微な変更」とは、地域計画の内容に実質的な変更を伴わないものを指し、次のようなものが考えられます。

（i）区域の名称の変更又は地番の変更、（ii）農用地等を利用する農業を担う団体の法人化に伴う地図の変更、（iii）農業を担う者の相続に伴う目標地図の変更、（iv）実質的な変更を伴わない変更

(2)　なお、地域計画区域内の農用地を農業用施設の目的に供するため転用する場合、農業用施設の用に供される土地として、地域計画に位置付ける必要があります。また、地域計画の区域内の土地については、地域計画の達成に支障を及ぼす恐れがないと認められるときに限り、農用地区域からの除外や農地転用許可を行うことができます。このため、農用地区域からの除外や農地転用の許可に際してあらかじめ地域計画を変更しておく必要があります。この場合、農振法による農用地区域からの除外手続や農地法による転用許可の手続に係る調整を地域計画の変更公告の前に開始することは差し支えありませんが、農業振興地域整備計画の変更案の公告・縦覧等の手続は、地域計画の変更公告後に行う必要があり

ます。

問151

地域計画の公告等までの手続きはどのようにすればよいでしょうか。

（基盤強化法基本要綱第11の5、6）

一、地域計画の公告までの手続きは、次の流れとなります。

① 関係者の意見聴取（法第十九条第六項）

② 地域計画の案の公告（法第十九条第七項、法省令第二十条）

③ 地域計画の公告（法第十九条第八項、法省令第二十条の二）

二、一の①～③の具体的内容は次のとおりです。

①について、市町村は地域計画を定め、又はこれを変更しようとするとき（軽微な変更を除く）は、②の案の公告の前に農業委員会、農地中間管理機構、農業協同組合、土地改良区その他の関係者の意見を聴く必要があります。また、市町村は当該公告の前に説明会を実施し、できる限り関係者の理解を得られるよう配慮することに努めて下さい。

②について、市町村は地域計画を定め、又はこれを変更しようとするとき（軽微な変更を除

く）は、地域計画の案について、市町村の公報への掲載やインターネット等を通じて公告し、公告の日から二週間公衆の縦覧に供する必要があります。利害関係人は、縦覧期間満了の日までに市町村に意見書を提出することができます。市町村は、利害関係人から提出のあった意見書については、その要旨及び処理結果を一覧表に記載すること等により、その内容ごとに要旨、提出数及び処理結果を公表することが適当とされています。

なお、この場合の利害関係人としては、農用地等の出し手や受け手、地区の農用地等を借受する意向のある者、協議の場に参加した者が考えられます。

③について、市町村は地域計画を定め、又はこれを変更したときは、市町村の公報への掲載やインターネット等を通じて公告するとともに、その写しを都道府県、農業委員会、農地中間管理機構に送付する必要があります。

問 152

地域計画の変更・見直しはどのような頻度で行うのでしょうか。

一、地域計画は「市町村基本構想」に即する必要があるため、基本構想の見直し同様に概ね五年ごとに見直しの検討を行う必要があります。

二、一方で、例えば、
①　目標地図の作成後に受け手が見つかっていなかった農地で、新規就農者が新たに農業を行う場合
②　産地として新たに有機農業を展開するため、農地利用の在り方を変更する場合
③　道路等の公共用地や農業振興を図るために必要な施設等の用地に供するため、農地転用の必要が生じた場合
等情勢の推移に応じ、市町村は、随時、地域計画を変更することができます。

問153　地域計画に係る個人情報はどのように扱ったらよいですか。

答　市町村は、地域計画に農業を担う者を位置付ける際、これらの者の氏名が含まれた地域計画について、法令に基づく手続きとして、本人の同意なく、法第十九条第六項の関係者の意見聴取や、地域計画の案の縦覧、地域計画の公告を行うことができます。
ただ、個人情報を保有するに当たっては、利用目的をできる限り特定し、また本人から直接書面に記録された個人情報を取得するときは、あらかじめ、本人に対し、その利用目的を明示

するようにして下さい。

また、市町村の公報への掲載等とは別に、インターネットの利用により関係者以外の不特定多数に対して情報を提供する場合は、氏名を削除するなどの配慮が必要です（基本要綱第11の7）。

問154

地域計画と人・農地プランの関係について説明して下さい。

答

一、市町村による地域計画の策定に当たっては、これまでの人・農地プランを土台に農業者等の協議に当たり、当該協議の結果を踏まえ、地域計画を策定することが効果的と考えられます。

二、一方で、地域計画では、人・農地プランと異なり、地域の農地の将来像である目標地図を作成することとしているので、

①　当該区域における農業の将来の在り方

②　農業上の利用が行われる農用地等の区域

③　その他農用地の効率的かつ総合的な利用を図るために必要な事項

を地域でしっかり話し合っていただく必要があります。

三、なお、地域計画を策定した地域については、人・農地プランを更新する必要はありません。

問155

市街化区域や基本構想を定めていない市町村の区域においても地域計画を策定しなければならないでしょうか。

市街化区域を含め基本構想を定めていない市町村は、地域計画を策定する必要はありません。

（目標地図）

問156　目標地図の作成手順を説明して下さい。

答

目標地図の作成に当たっては、一般的には、関係機関の役割分担と密な連携、創意工夫の発揮が重要です。

すなわち、目標地図の作成手順は各市町村によって様々であり、それぞれの地域において、市町村、農業委員会、農地中間管理機構、農業協同組合、土地改良区等の関係機関が役割分担した上で、密に連携し創意工夫して進めることが重要です。

なお、基本要綱別紙９第１では作成手順の参考例が次のとおり示されています。

（作成手順の参考例）

１　所有者等の意向把握

農地利用最適化推進委員及び農業委員（以下「推進委員等」という。）は、農地の出し手、受け手（以下「所有者等」という。）の意向を聞き取り、タブレットに記録します。この場合、書面によるアンケートの方法を採ることも可能です。

2　現状地図、分析できる地図の作成

農業委員会は実質化された人・農地プランを基に農地関係の現状を示した「現況地図」と1により把握した意向を基に、年齢別、意向別、後継者の有無等を区分した「分析できる地図」を作成します。

3　農業委員会による素案作成

(1)　素案の作成方針の確認

農業委員会は、協議の場において、法第十九条第四項第二号の農林水産省令で定める基準（以下「省令基準等」という。）に照らして、生産する主な農作物、農用地等の利用の方針、集積に関する目標、集団化に関する目標及び集積・集団化の目標を達成するための措置並びに目標地図の区域など地域における目標地図の作成方針を確認します。

(2)　素案の作成

①　市町村から目標地図の素案の提出等の協力の依頼を受けた農業委員会は、必要に応じて農地中間管理機構、農業協同組合、土地改良区等に必要となる情報の提供（※）を依頼することができます。

（※関係機関による情報提供の例）

・農地中間管理機構：転貸している農地情報、近隣市町村の受け手情報　等

・農業協同組合：農作業受託状況、組合員の経営意向・作付け状況　等

・土地改良区：土地改良事業・施設の改修計画、施設等の整備状況　等

② 農業委員会は、市町村等の関係機関と適切に連携・協力して、①の情報や2の現状地図、分析できる地図をベースに、省令基準も踏まえた上で、目標地図を作成するものとします。この場合、あらゆる策を講じても受け手を位置付けることが困難な農地等については、「今後検討等」と整理することも可能です。

③ 農業委員会は、必要に応じて目標地図の素案を修正し、これを市町村に提出します。

④ 農業委員会が目標地図の素案を作成した場合には、推進委員等が市町村と連携して集落の代表者等に対して情報提供や相談活動を行い、目標地図に位置付けられる予定の者を中心に、できる限り同意が得られるよう努めることが望ましいと考えられます。

問157

目標地図の考え方を説明して下さい。

一、目標地図は、将来の農業の在り方や農用地の効率的かつ総合的な利用を図るために誰がどの農地を利用していくのかを一筆ごとに定めた地図のことであり、地域計画の一部となります。目標地図を作成するところに、地域計画と人・農地プランとの違いがあり

ます。

二、1　目標地図は、農地ごとに将来の受け手をイメージとして印すもの（利用者の方向付けをするもの）であり、農地利用集積計画と異なり、これによって権利が設定されるものではありません。

2　この場合、受け手がいない地域では、例えば多面的機能支払交付金又は中山間地域等直接支払交付金の活動組織や、農業支援サービス事業者（注）等農作業委託の活用、新規就農者や農業法人、企業の誘致、省力的な管理が可能である飼料作物の生産や放牧を検討してください。

（注）目標地図に位置付ける農業支援サービス事業者は、農産物を生産するために必要となる基幹的な作業（水稲にあっては耕起・代かき、田植え及び収穫・脱穀、麦及び大豆にあっては耕起・整地、は種及び収穫、その他の農作物にあってはこれらに準ずる農作業を言います。）の委託を受ける者とします。その他の農業支援サービス事業者については、任意の事項として地域計画に記載することができます。

3　2による検討を行った上で、それでも受け手が直ちに見つからない等最終的な合意が得られなかった農用地等については、「今後検討等」のままであっても当初の目標地図とすることが可能です。

また、目標地図については、策定後であっても随時調整をしながら変更することが可能であるため、農業委員会や農地中間管理機構は、農地の出し手の調整や受け手候補となる者の探索を行い、状況に応じて目標地図の変更をしてください。

4　目標地図に位置付けられた農業を担う者が死亡した場合の対応については、農地法第3条の3により相続人から農業委員会になされる権利取得の届け出を踏まえ、次によってください。

①　引き続き、相続人が農業を継続する場合は、目標地図の軽微な変更を行うことがあります。

②　地域に不在であることなどにより、相続人が農業に従事しない場合には、農業委員会は農地中間管理機構への貸付け等の働きかけを行ってください。

5　なお、目標地図の作成時点において、区域内の農用地の相当部分について効率的かつ安定的な農業経営を営む者に利用の集積がなされているなど、農用地の効率的かつ総合的な利用が十分に図られている地域において、協議の場における議論の結果、将来的にも農地利用の在り方が変わらない場合には、現状の農地利用の在り方を目標地図として定めることも可能です（要綱別紙9　第2）。

三、目標地図の実現に向けて、市町村・農業委員会は、土地の借受け、貸付け等の手段として、農地中間管理機構を活用した農地の集約化等を進めることとなります。機構策定の農用地利用集積等促進計画（以下「促進計画」という。）（農地中間管理事業法第十八条）により、地域計画（目標地図）に係る権利移動が具体化されることとなります。

一方、地域計画の実効性を確保するため、農地中間管理機構は地域計画区域内の農用地等について促進計画を定めるに当たっては、当該促進計画が地域計画の達成に資することとなるようにしなければならないとされています。

四、農地中間管理機構が市町村等の協力を得つつ促進計画を定め、都道府県知事の認可及び公告を経て、農地中間管理権の設定等及び賃借権の設定等を行います。また、農地中間管理機構が特例事業を行う場合には、促進計画に所有権の移転に関する事項を含めることができます。

問158

目標地図に位置付ける「農業を担う者」とはどのような人でしょうか。人・農地プランの「中心経営体」と何が異なるのでしょうか。

目標地図においては、将来において地域の農用地等を適切に利用する者を「農業を担う者」として農地を一筆ごとに位置付けることとされています。この場合「農業を担う者」としては、

①　認定農業者等の担い手（認定農業者、認定新規就農者、集落営農組織、基本構想水準到

達者）に限らず、

②　①以外の多様な経営体（継続的に農地利用を行う中小規模の経営体、農業を副業的に行う経営体等）

③　農作業の受託サービスを行う者

を含みます。この意味で、「農業を担う者」として、いわゆる人・農地プランの「中心経営体」よりも広い者が対象になります。

問159

目標地図に位置付けられるような人がいない場合には、どうすればよいか教えて下さい。

答

一、目標地図を作成する時点において、農地の受け手が見つからない際には、当面、たとえば、

①　多面的機能支払交付金や中山間地域等直接支払交付金の活動組織

②　ＪＡ等のサービス事業者

等による農作業受託を活用することが考えられます。

二、その後、新たな受け手が見つかった場合には、当初作成した目標地図を変更し、新たな受

け手を目標地図に反映して下さい。

問160

既に地域の農地の大部分を担い手が引き受けている地域では、どのように目標地図を作成すればよいでしょうか。

答

協議の結果、将来的にも農業の担う者は現状の担い手と変わらない地域で、農地の集約化が不十分な場合には、担い手同士の話し合いを進め、交換等による農地の集約化を踏まえた目標地図を作成することが考えられます。

他方、既に、担い手に農地の集積・集約化が十分に実現しており、協議の結果、将来的にも現状の姿と変わらない地域においては、現状の農地利用の姿を目標地図とすることは可能です。

この場合においても、不測の事態に備えて代わりに利用する者等について話し合って下さい。

問161

農業委員会は目標地図の素案提出等に協力すると規定されましたが、その意味するところをどうとらえたらよいでしょうか（旧農地中間管理事業法における「必要な協力」との違い）。

答

旧農地中間管理事業法においては、農業委員会は、農業者等による協議について、農地の保有及び利用の状況、農地の所有者の農業上の利用の意向その他農地の効率的な利用に関する情報の提供、農業委員及び農地利用最適化推進委員の協議の場への出席その他当該協議の円滑な実施のための必要な協力を行うものと規定されていました。

従来、「必要な協力を行う」とされていたものが、新基盤強化法第二十条においては、市町村は地域計画のうち目標地図の素案作成とその提出を農業委員会に求める（同条第一項）ものとされ、求めを受けた農業委員会は目標地図の素案を作成する（同条第二項）とされました。このように、新基盤強化法においては、農業委員会の協力内容が目標地図の素案作成へと具体化されたものと見ることができると考えられます。

問 162

省力化の観点等からタブレットの活用が推奨されていますが、高齢化している農業委員にとっては、タブレットの円滑な活用には困難が伴うことも予想されます。どのような技術的支援を受けられるのでしょうか。

推進委員等がタブレットを円滑に活用できるよう、次の措置を講じるとされています。

①　収集すべき情報の項目を分かりやすい形で国において統一的に定める。
②　タブレットの入力画面を可能な限り簡素化して、タッチパネルの選択肢を押すだけで操作できるようにする。
③　都道府県農業会議が、タブレットの使用方法について、農業委員会に対する研修会や巡回指導を行う。

農業委員会の業務効率化を図る上でデジタル化への取組を一層進めていくことは重要であり、全委員がタブレット端末を使用できる環境整備、関係アプリの操作性の改善、関係予算の確保等が引き続き課題であると考えています。

（地域計画の達成・目標地図の実現）
（市町村による計画管理等）

問163

地域計画の実現に向けて、市町村、農業委員会など関係者はどのように取り組んでいくべきか教えて下さい。

答

地域計画の策定は、関係市町村で目下取り組むべき最重要の課題ですが、地域計画はあくまで達成すべき目標です。地域計画が策定されたら、次に地域計画の実現に向けて関係機関が連携し、適時、必要な取組を実行していくことが重要です。

一、そのためには、計画策定者である市町村による次の地域計画の進捗状況の確認とＰＤＣＡサイクルを通じて不断の検証作業が欠かせません。

⑴　地域計画に定めた「農業の将来の在り方に向けた農用地の効率的かつ総合的な利用に関する目標」の進捗状況の確認、具体的には、次の目標の進み具合の確認です。

①　農用地の集積・集約化

②　農地中間管理機構の活用方法

③　新規就農者や入作者等の確保等

⑵　その結果、進捗が思うように進んでいない場合には、ＰＤＣＡサイクルを通じて現状の課題は何か、改善すべき点は何か等を明確化することが大切であり、この検証作業は不断に行う必要があります。

二、地域計画の実行に当たっては、市町村、農業委員会、農地中間管理機構、農業協同組合（ＪＡ）、土地改良区等関係機関が連携しながら、地域一体となって取り組んでいく必要があります。一の不断の検証作業の結果は、関係機関で情報共有し、有効な取組に反映して下さい。

（農業委員会による利用権の設定等の促進等）

問164

農業委員会は地域計画達成に向けてどのような活動を期待されているのでしょうか。また、旧基盤強化法時代の農用地利用調整活動との違いがありますか。

一、新基盤強化法においては、地域計画の達成に資するよう、農業委員会が中心となって、関係機関が連携して取組を推進して、農地中間管理機構への貸借等を積極的に促進するものとされています。旧基盤強化法における農用地利用調整活動が農地所有者や認定農家からの申出を受けて農業委員会が受動的に活動する仕組みであったのに対し、新基盤強化法では地域計画達成に向けて能動的、積極的に活動すると規定されたのが最大の違いです。

二、その中で、農業委員会は、地域計画に係る区域内の所有者等に対し、当該農用地等について農地中間管理機構に利用権の設定等を行うことを積極的に促すものとされています（法第二十一条第一項）。

具体的には、農業委員会が目標地図の素案作成の際に把握する情報（農用地の所有者又は利用者の農業上の意向等）を活用し、利用権の設定等の予定日の一年前の日が到来した場合には、速やかに所有者等及び受け手の候補者に対して、その旨を通知することとし、その後も地域計画を踏まえて利用権設定等が行われるようその進行管理に努めることとされています。

問165

地域計画区域内の農地所有者には何か責務が課されますか。

答

地域計画区域内の農用地所有者等は、当該農用地等について機構に対する利用権の設定等を行うように努めるものとされています（法第二十一条第二項）。

具体的には、利用権の設定等を予定した日が近接した場合のほか、農閑期や所有者等の世代交代のタイミング等を捉えて手続きをすることが適当の場合は農地中間管理機構に申し出ることが求められています。

問166

（地域計画区域内の農用地の所有者からのあっせんの申出、買入協議）

地域計画の区域内の農用地の所有者からの農業委員会に対する所有権移転のあっせんの申出を受けて、農業委員会が農地中間管理機構による買入協議を行う旨の通知の要請を市町村の長に行うのはどのような場合でしょうか（法第二十二条第一項関係）。

答

地域計画の区域内の農用地の所有者からの農業委員会に対し、所有権移転のあっせんの申出があり、農業委員会が、市町村の長に対し農地中間管理機構による買入協議を行う旨の通知の要請を行うのは、次の(ア)及び(イ)の要件を満たす場合と定められています。

(ア)　地域計画の区域内の農用地の所有者から当該農用地について所有権の移転についてあっせんを受けたい旨の申出があること

(イ)　当該農用地について農地中間管理機構を含めた利用関係の調整において、地域計画に即した利用権の設定等を行うことが困難の場合であって、当該農用地について周辺の地域における農用地の保有及び利用の現況及び将来の見通しから見て効率的かつ安定的な農業経営を営む者に対する農用地の利用の集積を図るため農地中間管理機構による買入が特に必

要であると認められること

問167

農業委員会からの要請を受けた市町村の長が農用地の所有者に対し、「農地中間管理機構が買入協議を行う旨」を通知するのは、どのような場合でしょうか。通知を受けた農用地の所有者にはいかなる制限がかかりますか（法第二十二条第二項～五項関係）。

一、市町村の長は、農業委員会から買入協議を行う旨の通知の要請があった場合で、「地域計画の達成に資する見地から見て、当該要請に係る農用地の買入が特に必要である」と認められるときに、当該農用地の所有者に農地中間管理機構が買入協議を行う旨を通知するものとします。この通知は、当該所有者の農業委員会に対する所有権移転の申出のあった日から起算して三週間以内に行うものとされています。

二、当該通知を受けた当該農用地の所有者には、次の制限が発生します。

ア　正当な理由がなければ、農地中間管理機構による買入協議を拒否できないこと

イ　当該通知があった日から起算して三週間が経過するまでは当該農用地を農地中間管理機構以外の第三者に譲り渡しできないこと

問168

農地中間管理機構による買入協議について説明して下さい（法第二十二条第二項～五項関係）。

一、農地中間管理機構は、買入協議が整った場合又は買入協議が成立しないことが明らかとなった場合にはその旨を市町村に連絡するものとします。

二、法第二十二条第五項の「協議が成立しないことが明らかとなったとき」とは、一般的に当事者の双方が協議の不成立を認めたときをいいます。この場合には、農用地の所有者に対する譲渡制限が解除されることから、例えば、当事者の一方が協議の不成立の確認を申し出、他方がこれを認めること等により、「協議が成立しない」ことを明確にする必要があります。

三、買入協議における農用地の買入れは、特例事業として行われるものであり、かつ当該農用地の価格がその土地の近傍類似の取引や生産力から見て適切であると判断されるものとします。このほか、農用地の売渡に当たっては、買入協議の目的を担保するために、当該農用地の引渡した日から五年を経過する日までの間は買戻しの特約を付するものとされています（基盤強化法基本要綱別紙10の第3、第4）。

問169

農地中間管理機構が買入協議を通じて農用地を買い入れた場合、その譲渡所得に税制上の特例措置がありますか（法第二十二条関係）。

答

農地中間管理機構が買入協議を通じて当該農用地を買い入れた場合、その譲渡所得から一千五百万円を特別控除する特例措置が講じられています。

（利用権の設定等に関する協議の勧告）

問170

同意市町村が地域計画区域内の農地所有者等に対し、利用権の設定等に関する協議を勧告するのは、どのような状況にある農用地等が該当するのでしょうか（法第二十二条の二）。

市町村が地域計画区域内の農地所有者等に対し、利用権の設定等に関して農地中間管理機構と協議すべきことを勧告できるのは、地域計画において地域全体で有機農業

や基盤整備事業等に取り組むことが定められた場合において、一部の者による農地中間管理機構への利用権の設定等が行われず、全体の取組に支障を生じるおそれがあるときなど、地域計画の区域内の農用地の効率的かつ総合的な利用を図るため、当該区域内の農用地等について農地中間管理機構に対する利用権の設定等を行う必要があると認められるときと定められています。

市町村は、農地所有者等に対し農地中間管理機構との協議を勧告したときは、その旨を農地中間管理機構に通知するものとなっています。

問171

農業委員会等による地域計画に係る提案とはどのようなものですか。提案できる場合の要件がありますか（法第二十二条の三）。

（地域計画の特例）

一、地域計画に係る提案は、農業委員会又は農用地区域内の農用地等の所有者等が、地域計画を策定した地域において、追加的に、地域計画の特例として、農地中間管理機

構及び農用地等の所有者等の三分の二以上の同意をあらかじめ得た上で、当該農用地等の所有者等から利用権の設定等を受ける者を農地中間管理機構に限るとすることを市町村に提案できる仕組みを措置するものです。

二、農業委員会等が地域計画に係る特例を市町村に提案できるのは、次の要件のいずれにも該当するときです。

ア　農業上の利用が行われる農用地等の区域の全部又は一部の区域（以下「対象区域」といいます。）の農用地の効率的かつ総合的な利用を図るため対象区域内の農用地等について農地中間管理機構に対する利用権の設定が必要であると認められること

イ　当該対象区域内の農用地等について当該農用地の所有者等から利用権の設定等を受ける者を農地中間管理機構に限る旨を市町村に提案するのに先立って、農地中間管理機構及び当該対象区域内の農用地等の所有者等の三分の二以上の同意を得ていること

なお、この三分の二以上の同意の取得に当たっては、丁寧に話合いを行い、出来る限り多くの所有者等の同意を得ることが望ましいとされています。

三、当該提案を受けた市町村は、提案に基づき地域計画を定め、又はこれを変更するか否かについて、理由を明らかにした上で、遅滞なく当該提案をした者に通知するものとします。

なお､当該提案に係る事項が定められている地域計画（当該事項に係る部分に限ります。）の有効期間は五年となります。

問172

特例に係る区域においては利用権の設定等にどのような制限がかかりますか

答

提案に基づく地域計画が定められた区域（以下「特例に係る区域」といいます。）の農用地等の利用権の設定等の相手は農地中間管理機構に限られ、非常災害のために必要な応急措置として利用権の設定等を行う場合は別として、農地中間管理機構以外の者に対して利用権の設定等を行った者に対しては五十万円以下の過料に処せられます。

なお、特例に係る区域内の所有者等は農地中間管理機構に対して利用権の設定等を行う農用地等について、農地中間管理機構経由で一定の期間において再度利用権の設定を受けることができます。

（法第二十二条の四）。

問 173

特例に係る地域計画区域内の土地所有者から農地中間管理機構が農地を取得した場合にどのような税制上の特例措置がありますか。

答

特例に係る地域計画区域内の農用地の所有者の申出に基づき、農地中間管理機構が当該農用地を買入れた場合には、その譲渡所得から二千万円を特別控除できる特例措置が設けられています。

（地域計画の区域における農用地利用集積等促進計画の決定）

問 174

農地中間管理事業と地域計画との関係を教えて下さい。

農地中間管理機構の事業と地域計画とが密接不可分に連携し、農地中間管理事業は地域計画を達成するための手段との関係にあります。

これを担保するために、農地中間管理事業規程の認可要件には、地域計画の達成についての農地中間管理機構が地域計画の達成に資することを旨として農用地等の貸付け等を行うことが追加されております。

問175

地域計画と農地中間管理機構が策定する農用地利用集積等促進計画とはどのような関係にあるのでしょうか。説明して下さい（法第二十二条の五）。

答

一、農地中間管理機構は、地域計画の区域内の農用地等について農用地利用集積等促進計画を定める際には、当該農用地利用集積等促進計画が「地域計画の達成に資すること」になるようにしなければなりません。

二、この際、次のような場合には「地域計画の達成に資するもの」と判断できるとされます。

① 目標地図に位置付けられた受け手が十年後に農用地を利用するまでの間、別の受け手が一時的に当該農用地を利用する場合は地域計画の変更に当たらず、このような取扱いについては地域計画の達成に資するものと判断されます。

② また、地域計画で予定していない利用権の設定等をする必要になった場合には、農用地利用集積等促進計画の作成後に地域計画を変更することが確実であると市町村が認めるも

のであれば、当該農用地利用集積等促進計画の内容は地域計画に即したものと判断されます。

問176

出し手から農地中間管理機構への利用権設定と農地中間管理機構による受け手に対する貸付けはどのように進めるのですか。

一、目標地図は、農業委員会が出し手・受け手の意向を確認し、地域の農業者等の関係者の話し合いを踏まえて作成されます。

二、目標地図の実現に向けて、市町村・農業委員会は、出し手・受け手が貸借する手段として、農地中間管理機構を活用した農地の集約化等を進めることとなります。

　農業委員会は、出し手である地域計画に係る区域内の農用地等の所有者等に対し、当該農用地等について農地中間管理機構に利用権の設定等を行うことを積極的に促すものとされています。具体的には、農業委員会が目標地図の素案作成の際に把握する情報を活用し、利用権の設定等の予定日の一年前の日が到来した場合には、速やかに所有者等及び受け手の候補者に対してその旨を通知することとし、その後も地域計画を踏まえて利用権設定等が行われるようその進行管理に努めることとされています。

三、農地中間管理機構も、地域計画の達成に資するよう、農業委員会等の関係機関と連携して、地域計画区域内の農地所有者等に対し、農地中間管理権取得に向けた協議を積極的に行うこととされています。農地中間管理機構は、こうした活動や関係機関から提供された情報を基に、出し手・受け手が貸借する希望時期等を踏まえて、賃借の期間、借賃、借賃の支払方法について調整を行うこととなります。

四、こうした調整の後、農地中間管理機構は促進計画を定め、都道府県知事の認可・公告を経て、農地中間管理権の設定等、賃借権の設定等及び農作業の受委託（農地中間管理機構が特例事業を行う場合には、所有権の移転）を行うこととなります。

五、なお、農地中間管理機構は、法第二十二条の五の規定により、地域計画区域内の農用地等について促進計画を定める際には、地域計画の達成に資することとなるようにしなければなりません。したがって、促進計画の策定による当該農用地の貸付けの受け手としては、原則、農業を担う者として目標地図に位置づけられた者である必要があります。

問177

農用地利用集積等促進計画決定時の考慮要素「地域計画の達成に資する」はどのように判断するのでしょうか。農地中間管理機構による公募廃止とは関係があるのでしょうか。

一、農地中間管理機構は、地域計画区域内の農用地等について促進計画を定めるに当たっては、地域計画の達成に資することとなるようにしなければならないこととなっています（法第二十二条の五）。促進計画の策定によって当該農用地等の貸付先を決定するに当たっては、地域計画の達成に資するよう、原則、農業を担う者として目標地図に位置づけられた者に当該農用地等を貸し付ける必要があります。

このため、目標地図に位置付けられていない者に農用地等を貸し付ける必要が生じた場合には、二のような場合を除き、市町村が目標地図を変更して、当該者を目標地図に位置付けた上で、促進計画により賃借権の設定等を行うことが原則となります。

二、例外的に、目標地図に位置付けられていない者への貸付けが、地域計画の達成に資するものと判断できるとされるのは、次のような場合です。

①　目標地図に位置付けられた受け手が十年後に農用地を利用するまでの間、別の受け手が一時的に当該農用地を利用する場合は地域計画の変更に当たらず、このような取扱いにつ

いては地域計画の達成に資するものと判断されます。

②　また、地域計画で予定していない利用権の設定等をする必要になった場合には、促進計画の作成後に地域計画を変更することが確実であると市町村が認めるものであれば当該促進計画の内容は地域計画に即したものと判断されます。

三、新基盤強化法により、農地中間管理機構が行う農地中間管理事業と目標地図を組み込んだ地域計画が密接不可分に連携し、農地中間管理事業は目標地図に位置付けられた者に貸し付けるための手段との関係になったことから、旧農地中間管理事業法で措置されていた公募により機構が貸付先を選定する仕組み（公募制）は廃止されました（注）。

注　一部改正法により基盤強化法及び農地中間管理事業法が改正され、農地中間管理機構による権利移動は、従前の公募で農地中間管理機構に登録された者から目標地図に表示された農業を担う者への権利移動へと変更されました。機構事業の考え方が公募重視から、地域の協議重視へと変更されたといえます。

（土地改良法の特例等）

問178

新基盤強化法では、農地中間管理機構関連農地整備事業の対象農地に農業経営等の委託に係る農地も追加されましたが、これに伴う土地改良法の特例（法第二十二条の六）を説明して下さい。

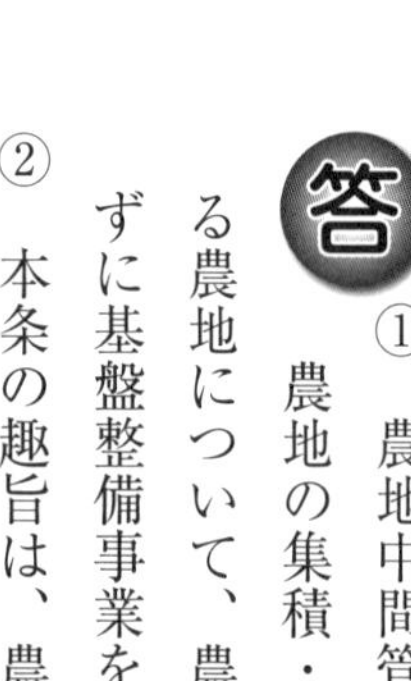

①　農地中間管理機構と土地改良事業については、農地中間管理機構による担い手への農地の集積・集約化を加速するため、既に農地中間管理機構が農地中間管理権を有する農地について、農業者からの申請によらず、都道府県が、農業者の費用負担や同意を求めずに基盤整備事業を実施できる機構関連農地整備事業が制度化されているところです。

②　本条の趣旨は、農地中間管理事業法改正で農地中間管理機構の事業に農作業の受委託が追加されたことに伴い、機構関連農地整備事業の対象農用地に、農地中間管理機構が地域計画の区域内において農作業の委託を受けている農用地を追加するものであります（第一項）。この場合、農地中間管理機構は、農作業の委託に係る農用地を機構関連整備事業の対象に含める場合、農用地等の所有者等から同意を得る（第二項）とともに、あらかじめ、農作業等の委託の相手方に対し、機構関連農地整備事業が行われることについて説明しなければなり

ません（第三項）。

問179

新基盤強化法では地域計画区域内農地について、農振法の特例が定められました。その内容はどのようなものでしょうか。

答

次の二つの特例が規定されました。

(1)　農用地区域として定めるべき旨の要請（法第二十二条の七）

地域計画の区域内の一団の農用地の所有者は、市町村に対し、当該農用地について権利を有する者の全員の同意を得た上で、当該農用地の区域を農振法上の農用地区域として定めるべきことを要請することができるとされました（法第二十二条の七第一項）。この場合、当該要請に基づいて市町村が農業振興地域整備計画の変更を行う場合には、これら権利者による農振法の農用地利用計画の案への異議の申出等の手続きを省略できることとしています。（同条第二項）。

(2)　農用地区域からの除外制限等（法第二十二条の八）

地域計画の特例が定められた地域（法第二十二条の四）は、農用地等の所有者等の提案を基に定められ、地域計画の達成に向けて農業上の利用が確保され続ける必要性が高いことから、農用地区域からの除外要件を満たしている場合に加え、当該計画の有効期間が満了している場合に限り（法第二十二条の三第四項）農用地区域内の土地の農用地区域からの除外を行うことができるとされました。

他方、当該特例が定められた地域を除く地域計画内の農用地については、既存の除外要件に「地域計画の達成に支障を及ぼすおそれがないと認められるとき」が追加され、これらの要件を満たす場合に限り、農用地区域からの除外や農地転用許可を行うことができるとされています。

問180

（旧基盤強化法経過措置）

法施行前に旧基盤強化法に基づき策定された基本方針、基本構想は法施行と同時に失効するのでしょうか（一部改正法附則第二条）。

一、旧基盤強化法に基づき策定された基本方針及び基本構想とも一部改正法施行の日（令和五年四月一日）に即、失効するわけではなく、施行日から一定の期間の間は新

基盤強化法により作成・公告されたものとみなされます（一部改正法附則第二条）。

二、この一定の期間は、当該基本方針については施行日から起算して三月を経過する日までの間、また、当該基本構想については施行日から起算して六月を経過する日までの間となっております。

なお、三月（又は六月）を経過する日までに、基盤強化法の規定により当該基本方針又は当該基本構想が変更され、公表されたときは、この経過措置期間はその公表の前日までとされています。

問181

新基盤強化法では農用地の利用関係の調整等に関する措置が大幅に見直されていますが、どのような経過措置が設けられていますか（一部改正法附則第三条）。

答

一、農用地の所有者は一部改正法施行日（令和五年四月一日）から起算して二年を経過する日（令和七年三月三十一日）までの間は、なお従前の例により旧法の規定による申出をすることができます。

二、施行前にされた申出（前述一による申出を含みます。）に係る関係機関の調整、要請、通知、協議、譲渡その他の行為についてはなお従前の例によるとされています。

問182

協議の結果の公表、地域計画の策定はいつまでに行わなければなりませんか（一部改正法附則第四条）。

答

一部改正法施行日（令和五年四月一日）から起算して二年を経過する日（令和七年三月三一日）までには、協議の結果の公表、地域計画の策定を行う必要があります（一部改正法附則第四条）。

問183

一部改正法施行後、市町村はいつまで旧基盤強化法による農用地利用集積計画を策定することができますか。また、法施行前に策定された農用地利用集積計画により設定等された利用権の効力はどうなりますか（一部改正法附則第五条）。

一、同意市町村は、一部改正法施行日（令和五年四月一日）から起算して二年を経過する日（その日までに地域計画が策定・公告されたときは、当該地域計画の区域については、その公告の日の前日））までの間は、なお従前の例により新たに農用地利用集積計画を策定・公告することができます。

二、法施行前に旧基盤強化法第十九条の規定による公告があった農用地利用集積計画（施行後前述一で策定・公告された農用地利用集積計画を含みます。）については、なおその効力を有します。

三、二によりなおその効力を有するものとされた農用地利用集積計画に関する農地法による農地等の権利移動及び転用の制限並びに農振農用地区域における開発行為の制限についてはなお従前の例によります。

問184

一部改正法施行前に旧基盤強化法による特例農用地利用規程を定めました。新基盤強化法施行により、その効力はどうなりますか（一部改正法附則第六条）。

一、新基盤強化法施行前にされた旧基盤強化法第二十三条第一項の認定に係る特例農用地利用規程は、当該規程の有効期間の満了の日までの間は、新基盤強化法第二十三条第一項の認定に係る農用地利用規程とみなされます。

二、一部改正法の施行前にされた旧基盤強化法第二十三条の二第一項に規定する事項が定められている農用地利用規程の特例（農用地利用規程の特例）については、当該規程の有効期間の満了の日までの間はなお従前の例によるとされます。ただし、その日までに新基盤強化法による特例地域計画（法第二十二条の三第一項に規定する事項が定められた地域計画）が策定・公告されたときは、当該農用地利用規程に係る農用地利用改善事業の実施区域のうち、当該地域計画の区域については、その公告の日の前日までとなります。

問185

旧農地中間管理事業法により設置された農業者等による協議の場はどうなりますか。新基盤強化法に基づく協議の場に移行するのですか（一部改正法附則第十一条）。

答

一、一部改正法の施行前に旧農地中間管理事業法第二十六条第一項の規定により公表された協議の結果に係る区域における協議の場については、一部改正法施行日（令和五年四月一日）から起算して二年を経過する日までの間は、なお従前の例によるとされます。

二、新基本構想を定め、旧基本構想を変更し、及び公告した市町村は、一部改正法の施行前に旧農地中間管理事業法第二十六条第一項の規定により公表された協議の結果を新基盤強化法に基づく協議の結果とみなすことができます。

（その他）

問 186

一部改正法による基盤強化法改正では、主な改正理由として「農地の集約化等の取組への加速」が挙げられていますが、その趣旨は何でしょうか。担い手への集積率向上の重要性が低下したということでしょうか。

答

一、喫緊課題である農地集約化

(1)　利用権設定等促進事業により担い手の規模拡大は進んできましたが、分散錯圃の状況が解消されていないことが、規模拡大による生産性向上、競争力強化の障害となっているとみられます。分散錯圃の状況は、担い手の新たな農地引受意欲にも影響しているとみられます。

(2)　(1)の状況の中、今後の農地利用を見通すと、高齢化や人口減少の本格化により、農業者の減少や耕作放棄地が拡大し、地域の農地が適切に利用されなくなることが懸念されます。

これらの状況に対処するためには、地域として、農地が利用されやすくなるよう農地の集約化等に向けた取組を加速することが喫緊の課題となっています。

二、農地集約化と担い手への集積率向上との関係

改正法案の国会質疑において、農地集約化と担い手への集積率向上との関係を尋ねられたのに対し、政府側は「集約化し農地を受けやすい条件を作ることが重要」「農地の集約化を進めていくことで集積率の向上に寄与していく」などと説明されています。すなわち、担い手への集積率向上は引き続き重要な政策課題ですが、これを推進するためには、地域で農地を集約化し、農地が利用されやすくなるよう条件を作りだすことが重要であるとしています。

問187

新基盤強化法で措置された農地集約化に向けた取組を説明してください。

答

新基盤強化法では農地集約化に向け、次の取組が措置されています。

一、農地集約化の法令上、地域農政上の位置づけの明確化

都道府県が策定する農業経営基盤強化促進基本方針（基本方針、法第五条）、市町村が策定する農業経営基盤強化促進基本構想（基本構想、法第六条）の記載事項に「その他農用地の効率的かつ総合的な利用に関する目標（事項）」が追加され、そこでは地域全体で農地が

適切に使われるようにする観点から、農用地の集団化（農地の集約化）は重要な要素として位置づけられるとの説明がされています。

二、人・農地プランの法定化、地域での話し合いにより目指すべき農地利用の姿の明確化

農地集約化を進めるため人・農地プランを法定化し、地域で「地域農業をどのように維持・発展していくか」「将来、地域の農地を誰が利用し、農地をどうまとめていくか」等について関係者が一体となって話し合い、目指すべき農地利用の姿（農作業がしやすく、手間や時間、生産コストを減らすことが期待できる農地利用の姿）と一筆ごとに農業を担う者を表示・明確化する地域計画（目標地図）を策定することとなりました。

三、農地中間管理機構を活用した農地の集約化等の推進

地域計画（目標地図）の実現に向けて、農業委員会が中心となって、関係機関が連携した取組を推進して、農地中間管理機構への貸借等を積極的に促進し、農地中間管理機構を活用した農地の集約化を進めることとなりました。

また、農地中間管理機構も、地域計画区域内の農用地等について農用地利用集積等促進計画を定めるに当たっては、地域計画の達成に資するようにしなければならないこととなっています。したがって、促進計画の策定による農用地等の貸付先の決定に当たっては、地域計画の達成に資するよう、農業を担う者として目標地図に位置付けられた者に貸し付ける必要があります。具体的には、農地中間管理機構は、地域計画（目標地図）を企画として、農業

委員会等の関係機関と連携して農地中間管理機構の機能を活用し、出し手から借り入れた農地をまとまった形で転貸し、その後農地の再配分を繰り返して農地の集約化を実現していくことになります。

問 188

農地について、「農用地の効率的かつ安定的な農業経営」「農用地の効率的かつ総合的な利用」「農用地の利用の効率化及び高度化の促進」など、様々な用語が使用されています。それぞれの意味、違いを説明して下さい。

答

①　「農用地の効率的かつ安定的な農業経営」の用語は、旧基盤強化法第五条でも使用されており、その意味は、経営の効率を上げて生産性を高め、長期にわたり安定して所得を確保していくということで、担い手としてこれを育成することにあります。

②　「農用地の効率的かつ総合的な利用」の用語は、新基盤強化法に出てくる用語で、前段の「農用地の効率的利用」の意味は、農用地が使われなくなるということが無いように、集積・集約などを行って農地の利用効率を上げて生産性を高め、農地を適切に利用すること、また、後段の「総合的な利用」の意味としては、個々の方の農用地だけでなく、地域全体として総合的にそのような利用になっていることを指します。

③　さらに、「農用地の利用の効率化及び高度化の促進」の用語は、農地中間管理事業法で農地中間管理事業の目的などの規定に使用されています。その意味は、「農用地の利用の効率化」は前述の効率的な利用と同じで、後段の「農用地の利用の高度化の促進」の意味は、利用の効率化により、ブロックローテーションや有機農業の団地化等の様々な農地利用に取り組むことを指しています。

問 189

農業に関わる人についても、「担い手」「中心的経営体」「農業を担う者」「地域の農地利用を担う多様な経営体」など、様々な用語が使用されています。それぞれの意味、違いを説明して下さい。

「担い手」は、地域農業の持続的発展のために育成・確保を進める農業経営で、「効率的かつ安定的な農業経営及びこれを目指して経営改善に取り組む農業経営」を意味します。具体的には、認定農業者、認定新規就農者、将来法人化して農業者になることが見込まれる集落営農を指します（食料・農業・農村基本法（平成十一年法律第百六号）第二十二条）。人・農地プランの中心的経営体※もほぼそのような意味に使われていました。

一方、新基盤強化法では、地域の農地を適切に利用していくためには地域の農業を担う人材

（農業を担う者）を幅広く確保・育成することが重要とされ、また新たに策定する地域計画においては、将来の農業の在り方、農地利用の姿を明らかにし、その一環として作成する目標地図においては、地域の農地を適切に利用する者として多様な経営体（農業を担う者）を農地一筆ごとに位置付けることとされています。この場合、「農業を担う者」としては、いわゆる「担い手」に限らず、農業経営を営んでいる者、農産物の生産活動に関わっている者など多様な農業を担う者を含みます。

問190

一部改正法案提出の理由は何でしょうか。

答

法案提出理由は次の通りとなっています。

「農業の成長産業化及び農業所得の増大を図るため、市町村による地域農業経営基盤強化促進計画の作成について定め、当該計画の区域において担い手に対する農用地の利用集積、農用地の集団化その他の農用地の効率的かつ総合的な利用を促進するための措置を講ずるとともに、農業を担う者の確保及び育成を図るための措置等を講ずる必要がある。これが、この法律案を提出する理由である。」

問191　新基盤強化法等の意義をどうとらえるべきでしょうか。

答

次の点から重要な改正であったものと理解しています。

一、市町村が農業者等による幅広い話し合いを経て作成する地域計画・目標地図として、人・農地プランが法定化され、そこでは、地域の将来の農業の在り方や農地利用の姿を明らかにし、また、その一環として地域の農地を適切に利用する者（受け手）として、一筆ごとに「農業を担う者」を位置付けたこと

二、また、地域計画で位置付けられた農業を担う者は、いわゆる「担い手」に限らず、農業経営を営んでいる者、農産物の生産活動に関わっている者など多様な農業経営体であり、これらの者による農地の利用を後押しするなど、幅広く確保・育成し、総がかりで地域の農地を維持する姿勢が打ち出されたこと

三、農地中間管理機構の運用の抜本的見直しが行われたこと。地域計画については、農地中間管理機構の事業と密接不可分に連携し、農地中間管理機構の事業は、地域計画を達成するための手段とされ、主として機構事業を通じて、地域計画に即して、農地の集約化を進め、担い手が農地を受けやすい条件を作り出すとされたこと（この関連で、旧基盤強化法の農用地

利用集積計画が新農地中間管理事業法の農用地利用集積等促進計画に統合されたこと）
四、農業委員会は、その積極的役割と能動的活動根拠が与えられ、目標地図の素案作成や地域計画の実現の達成に向けて農地の利用関係の調整に取り組むこととされたこと

（税　制）

問 192

農業経営基盤強化促進法及び農地中間管理事業法に関する税制上の特例はどうなっていますか。

答

農用地の利用の集積等の円滑な推進を図る観点から、基盤強化法等に規定する各種事業への支援措置として、次のような税制上の特例措置が講じられています。

一、農地中間管理機構に一定の要件で買い取られる場合の二千万円の特別控除（租税特別措置法第三十四条第二項第七号（所得税）、第六十五条の三・第一項第七号（法人税））

一定の事項が定められた地域計画の特例に基づき地域計画の特例の区域内の農用地が、農地中間管理機構に買い取られる場合は、譲渡所得から二千万円までの特別控除が認められま

す。

二、農地等が基盤強化法に基づく買入協議により農地中間管理機構に買い取られる場合の一千五百万円の特別控除（租税特別措置法第三十四条の二・第二項二十五号（所得税）、第六十五条の四・第一項二十五号（法人税）

地域計画区域内の農用地が基盤強化法に規定する買入協議（法第二十二条第二項）に基づき、農地中間管理機構に買い取られる場合は、譲渡所得から一千五百万円までの特別控除が認められます。

三、農地保有の合理化等のために農地等を譲渡した場合の八百万円の特別控除（租税特別措置法第三十四条の三・第二項第一号、第二号（所得税）、第六十五条の五・第一項第一号、第二号（法人税）

⑴　農用地区域内にある土地等を農業委員会のあっせんなどにより意欲ある農業者に譲渡した場合（農地所有適格法人に対する現物出資をした場合を含む）は、譲渡所得から八百万円までの特別控除が認められます。

⑵　農地中間管理機構の事業の特例を活用し、農地中間管理機構に対し、農用地区域内にある農地等を譲渡した場合には、譲渡所得から八百万円までの特別控除が認められます。

⑶　農用地利用集積等促進計画により、農用地区域内の農地等を譲渡した場合には、譲渡所得から八百万円までの特別控除が認められます。（注）

四、農業経営基盤強化準備金制度及び圧縮記帳の特例措置（租税特別措置法第二十四条の二（所得税）、第六十一条の二・第一項、第二項（法人税）

(1)　農業者（注）が経営所得安定対策などの交付金を農業経営改善計画などに従い、農業経営基盤強化準備金として積み立てた場合、その積立額を個人は必要経費に、法人は損金に算入できます。

（注）認定農業者（個人・農地所有適格法人）又は認定新規就農者（個人）であって、次のいずれかに該当する個人が対象となります。

ア　地域計画において農業を担う者として位置づけられていること。

イ　地域計画が策定されていない場合は、従来の人・農地プランにおいて農業経営体として位置づけられていること。

(2)　さらに、農業経営改善計画などに従い、五年以内に積み立てた準備金を取り崩したり、受領した交付金などをそのまま用いて、農地や農業用機械等の固定資産を取得した場合、圧縮記帳ができます。

(3)　この特例の適用を受けようとする場合には、一定の方法で記帳し、青色申告により確定申告（初年は税務署に事前に届け出）をする必要があります。

五、所有権の移転登記に対する登録免許税の軽減措置（租税特別措置法第七十七条）

意欲ある農業者が農用地利用集積等促進計画により農用地区域内の農地等を取得した場

合、登録免許税の税率が一千分の十（本則一千分の二）（注）となります
⑴　本特例の対象となる農地取得者
認定農業者、特定農業法人、市町村基本構想の効率的かつ安定的な農業経営の指標を満たす者、経営規模の拡大を行おうとする者で一定の要件を満たす者
⑵　本特例の対象とする農地等に農業用施設用地は含まれません。

六、不動産取得税の課税標準の特例（地方税法附則第十一条第一項）

農用地利用集積等促進計画により農用地区域内の農地等を取得した場合、固定資産税の評価額の三分の一の控除がされます（注）。

交換による取得である場合には、交換によって失った土地の価格又は取得した土地の価格の三分の一相当額のいずれか多い額が控除されます。

七、その他

これらの税制上の優遇措置の適用を受けるに当たっては、所定の証明書が必要です。

（注）経過措置として、令和五年四月一日以降、旧基盤強化法第十八条の農用地利用集積計画により譲渡した場合（取得した場合）も引き続き対象となります（最長令和七年三月三十一日まで（※地域計画が定められるまでの間）。

三、農用地利用改善事業

問193　農用地利用改善事業とはどのような事業ですか。

答　農用地利用改善事業（法第二十三条、法第六条第二項第六号ロ、基本要綱第12）とは、一定の地縁的なまとまりのある地域において、地域内の農用地に権利を有する者の三分の二以上の者によって組織された農用地利用改善団体が、作付地の集団化、農作業の効率化、認定農業者に対する農用地の利用集積目標その他農用地の利用関係の改善等を推進しようとするための農用地利用規程を作成し、それに基づいて認定農業者等の担い手へ農地を集積し、担い手の育成・確保を図ろうとするものです。

この事業が設けられたのは次のような考え方によるものです。

一、我が国農業の課題は、効率的かつ安定的な農業経営を育成し、これらの農業経営が農業生産の相当部分を担うような農業構造を確立することです。しかしながら、零細で分散している農地所有による零細農業経営という農地事情の下では、個人的な対応のみによってこれを実現するには限界があるので、集落の話し合いをベースにして作付地の集団化や農作業の効率化、更には認定農業者への利用権の設定等を進めていく必要があります。

二、このような観点から、農用地利用改善事業は、①農用地に関し権利を有する者の組織する団体が実施主体となって、②事業の準則となる農用地利用規程を定め、これに従い、③農用地の効率的かつ総合的な利用を図ることを目的として作付地の集団化、認定農業者とその他の構成員との役割分担その他農作業の効率化、認定農業者への利用権設定等を話し合いを通じて進める事業として、農業経営基盤強化促進事業の一つの柱として設けられました。

また、その後担い手の不足する地域において集落の話し合いを通じて地域の農用地の引き受け手となる特定農業法人又は特定農業団体（法第二十三条第四項～第七項）を定める制度が加えられました。

問194

各地域に野菜部会、酪農部会といった機能集団の活動が行われていますが、農用地利用改善事業を行う場合、これら作目別機能集団の活動とは、どのような関係になるのですか。

一、農用地利用改善事業の実施団体の多くは、集落、大字等の広がりの一定地区の農業者等が自主的に組織する団体であり、この団体が構成員の話し合いにより地域全体の

農用地の有効利用を推進しようとするものです。

二、これに対して地域における集団の現況をみると野菜部会、酪農部会といった機能集団が集落を単位として、また、それを越える範囲で組織され地域ごとにそれぞれ多様な活動を行っています。

三、農用地利用改善事業は、集落機能の活用等により一定の地域での農用地の有効利用を通じて地域農業の改善を図ろうとするものですが、その活動があまりに地域閉鎖的になり、右記の機能集団の活動を阻害するようなこととなるのは、厳に避けなければなりません。

四、このために、農用地利用改善事業を進めるに当たっては、これらの機能集団がこの事業の実施区域内で活動していく場合には、これら機能集団が農用地利用改善事業の中核となるように進めることが望ましく、また、実施区域を越え広域にわたり活動しているものであっても、実施区域内の土地利用や農作業の組織化が、機能集団の活動の発展に資するように進めることが重要です。

五、これにより、地域で本事業を進める実施団体と、これら機能集団とが作目、品種、作期等の調整、機械の共同利用、農作業の受委託の促進等を図る上で一層連携・協力して事業実施に取り組むことになり、農用地利用改善事業の実施がこれら機能集団の育成、拡大に結びつくとともに、地域農業の振興が一層図られることが期待されています。

問 195

他地区からの入作者の農用地利用改善事業への参加について説明して下さい。

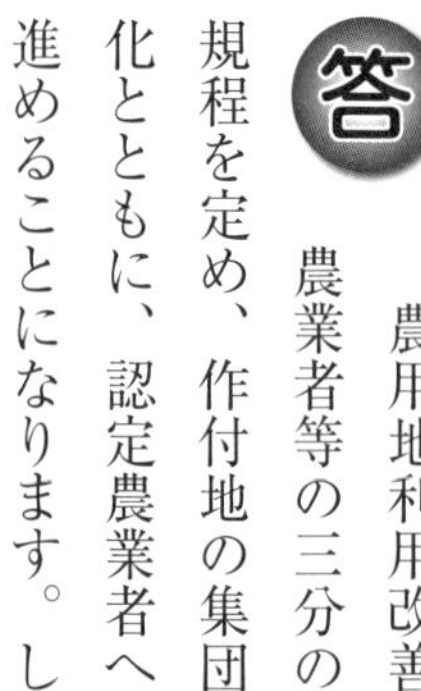

農用地利用改善事業を実施する場合は、一定区域内の農用地に関し、権利を有する農業者等の三分の二以上で組織する団体、いわゆる地縁的団体が自主的に農用地利用規程を定め、作付地の集団化等農作物の栽培の改善や共同作業、農作業受委託等農作業の効率化とともに、認定農業者への利用権の設定等の促進その他農用地の利用関係の改善を一体的に進めることになります。したがって、当然、他地区からの入作者も参加できますし、作付地の集団化などにはむしろ積極的に参加するようにし、地区内の農用地につき権利を有するものができるだけ多く参加して、農用地の有効利用を推進することが重要です。

（実施区域）

問196

実施区域はどの程度の広がりがあればよいのでしょうか。

答

一、実施区域については、農用地利用改善事業（法第二十三条）が集落等の一定の区域内の農用地に権利を有する農業者等の話し合いにより、作付地の集団化、農作業の効率化、認定農業者への利用権の設定等の促進その他農用地の利用関係の改善等を推進しようとするものであり、どうしても一定の地縁的な広がりを対象とする必要があります。このため、市町村が定める基本構想において、農用地利用改善事業の実施の単位として適当であると認められる区域の基準を定めることとされています（法第六条第二項第六号ロ）。

二、この市町村が定める実施区域の基準は、土地の自然的条件、農用地の保有及び利用の状況、農作業の実施の状況、農業経営活動の領域等の観点から、農用地利用改善事業を行うことが適当と認められる地縁的なまとまりのある地域とする旨定めるものとして、この区域の具体的な取り方は市町村に任されています。

三、この場合、事業のねらいからして集落機能の活用等を通じて作付地の集団化や農作業の効率化などの農用地の有効利用方策を関係農業者等が一体となって推進することが基本になりますから、これらについての関係農業者等の合意が保たれること、機械施設等の効率的な稼働のためにはある程度の農用地面積が必要なことから、一般的には、集落、大字等の単位で行われることが多いと考えられます。

問197

近隣の複数の実施団体の申請によってその地区が重なる場合もあると考えられますが、この場合どう調整したらよいですか。

一、農用地利用改善事業の実施団体は、法第二十三条第一項の規定により、その地区内の農用地の関係権利者が一体となって、作付地の集団化や農作業の効率化等を進めようとするものですから、複数の実施団体によって、その地区が重なることがあってはなりません。したがって、市町村は、基本構想で「区域の基準」を定める際には、農業委員会、農協等関係機関・団体の意見を十分聴くとともに（省令第二条）、管内の実施団体になりうる母体や農業者にこの事業の趣旨、仕組みの周知徹底を図ることによって、基本構想上適正な区域の基準を定め、実施団体の地区が重なることのないよう指導調整する必要があります。

二、農用地利用改善事業の実施区域を集落、大字等地縁的な広がりを基礎として決定する限り、例え複数の農用地利用改善事業の実施区域が隣接していたとしても、自らその境界は明確になると考えられます。また複数の農用地利用改善団体にまたがる広域的な問題（例えば、水利、出入作の調整等）については、例えば農用地利用改善団体連絡協議会のような組織を作り必要な調整を図ることも考えられます。

（実施団体）

問198　農用地利用改善団体を作るにはどうすればよいでしょうか。

答　一、農用地利用改善団体を設立するには、その団体が次の四つの要件を備えることが必要です（法第二十三条）。

(1)　市町村が定める基本構想に基づく基準に適合する区域をその実施区域とすること
(2)　その地区の農用地について権利を持つ農業者等の三分の二以上の者が構成員となっていること

(3)　その定款又は規約が農林水産大臣の定める基準に適合していること

(4)　農用地利用改善事業の準則となる農用地利用規程を定め、これを同意市町村の認定を受けること

二、農用地利用改善団体になる手続きは、次のとおりです。新設の場合と既存の組織から移行する場合とでは若干異なります。

(1)　新設の場合

①　農用地利用改善事業の目的、内容、実施区域等について関係者間でよく話し合い、その構想を固めます。

②　次に、実施しようとする区域にある農用地の関係権利者の三分の二以上を構成員として農用地利用改善事業を実施する団体を組織します。この団体は、農事組合法人（農協法第七十二条の十・第一項第一号の事業を行うもの）でも任意組合でもかまいません。

③　更に、団体の構成員全員あるいは団体の指導者層を中心として話し合いを積み重ね、農用地利用規程の案と、定款又は規約の案を作り、実施団体の総会その他議決機関に諮りその承認を得ます。

④　最後に、団体の代表者は、農用地利用規程の認定申請書に、議決された農用地利用規程及び定款又は規約及び実施しようとする区域の農用地の権利者の加入状況を記載した書面、当該申請について、議決機関で議決をしたことを証する書面を添えて市町村に提

出してその認定を受けます。この市町村の認定を受けますと正式に農用地利用改善団体となります（省令第二十三条）。

(2) 既存の組織から移行する場合

新設の場合と基本的には同じですが、次の点に留意して必要な調整を行い、農用地利用改善団体へ円滑に移行されるようにすることが必要です。

① その団体の目的や活動内容が行おうとする農用地利用改善事業の目的や内容と調和するかどうか。

② その団体の構成員には、農用地利用改善事業の実施区域内にある農用地の関係権利者の三分の二以上を含んでいるかどうか。

③ その組織の定款や規約の内容が農林水産大臣の定める基準に適合するかどうか。

三、特定農業法人又は特定農業団体について定める場合には、地域の農用地をどのようにして有効利用し、適切に保全していくか集落で十分話し合い、地域の農用地の利用を責任をもって引き受けてもらう農業法人又は特定農業団体を定め、農用地の有効利用、管理をしていく合意（特定農業法人又は特定農業団体の同意が必要）を得る必要があります。

このような合意が得られたら、通常の農用地利用規程に

ア　特定農業法人又は特定農業団体の名称及び住所

イ　特定農業法人又は特定農業団体に対する農用地の利用の集積の目標

ウ　特定農業法人又は特定農業団体に対する農用地の利用権の設定等及び農作業の委託に関する事項

を加えて作成した特定農用地利用規程に特定農業法人又は特定農業団体の同意書を添えて市町村に申請し、認定を受ける必要があります（基本要綱第12・3、参考様式第6－1号）。

なお、特定農用地利用規程の有効期間は認定を受けた日から五年となります。ただし、特定農業法人又は特定農業団体の同意を得た場合、市町村の承認を受けて五年間を超えない範囲で延長ができます（参考様式第6－2号）。

問199

農業の経営を行う農事組合法人等農地所有適格法人は農用地利用改善事業の実施団体になれるのですか。

答

一、農用地利用改善事業の実施団体になれるのは、農協法第七十二条の十・第一項第一号の事業（共同利用施設の設置又は農作業の共同化に関する事業）を行う農事組合法人や集落等一定の地縁的なまとまりのある地域において組織されている任意団体が、前述の要件を満たし、農用地利用規程を定め、市町村の認定を受けたときに農用地利用改善事業を行う団体となります（法第二十三条第一項、法第二十九条第一項）。

二、農事組合法人は、「その組合員の農業生産についての協業を図ることによりその共同の利益を増進することを目的」（農協法第七十二条の四）として、農業に係る共同利用施設の設置又は農作業の共同化に関する事業を行っていることから、農用地利用改善事業の目的にも合致する事業ですので、農用地利用改善事業を実施できることとしたものです。この場合、農協法第七十二条の十・第一項第一号の事業のみを行う農事組合法人のほか、第一号及び第二号の事業を併せ行う農事組合法人（農地所有適格法人の場合もありえます）も実施団体になることができます。

三、なお、農協法第七十二条の十・第一項第二号の農業の経営のみを行う農事組合法人や二以外の農地所有適格法人の場合は、その一個の経営体の事業計画等で農用地利用改善事業の目的が達せられることから、複数の経営体を前提とする農用地利用改善事業になじまないので、実施団体になることはできません。しかし、実施団体の構成員となって農用地利用改善事業に参加することができます。

（農用地利用規程）

問200

農業経営基盤強化促進法第二十三条第二項第三～五号の作付地の集団化、農作業の効率化、農用地の利用関係の改善は各号の例示にすぎないのですか。または認定の要件となるのですか。

答

一、法第二十三条第二項では農用地利用規程に盛り込む基本的な事項を列記していますが、その事項として具体的に規程に何をどう書くかというその内容については、地域の実情によって、改善課題の重点やその実行水準が相違するし、そのための関係農業者等の合意形成の熟度が様々ですので、地域によって異なるのは当然です（特に「農作業の効率化」、「認定農業者に対する農用地の利用の集積目標等」は例示と考えられます）。

二、また、地域の実情や実行の段取等を考慮すると㋐当面、作付地の集団化に重点を置き、農作業の効率化は追って取り組む場合もあり、㋑畑作地帯、果樹地帯や山村・離島地域等で、早急に利用権の設定を具体化することが著しく困難であり、当面農作業の効率化に重点を置いて推進することが適当な場合もありますので、このような場合にはいずれか一方のみを具体的に定めることもやむを得ません。

三、したがって、作付地の集団化に関する事項を除き、法第四条第三項第二号に掲げる事項の一部又は全部について具体的な記載がないことのみをもって農用地利用規程の認定を行わない理由にはなりません。

問201

市町村は、どのような場合に農用地利用規程を認定するのでしょうか。また、認定を受けることによりどのような効果が生じますか。

答

一、市町村は、申請のあった農用地利用規程が次の要件に該当するときに認定することになります（法第二十三条第三項）。

(1) 農用地利用規程の内容が基本構想に適合するものであること

(2) 農用地利用規程の内容が農用地の効率的かつ総合的な利用を図るために適切なものであること

(3) 認定農業者とその他の構成員との役割分担が認定農業者の農業経営の改善に資するものであること

(4) 農用地利用規程が適正に定められており、かつ、申請者が当該農用地利用規程で定めるところに従い農用地利用改善事業を実施する見込みが確実であること

二、市町村は、この認定に際しては、認定の迅速な処理に努める必要があります。

三、なお、同意市町村は、農用地利用規程の認定をしようとするときは、農業委員会と当該農用地利用規程における農用地利用改善事業の実施区域の全部又は一部をその地区の全部又は一部とする農業協同組合の意見を聴くことになっています（省令第二十四条）。

四、また、農用地利用規程の認定を受けることにより、農用地利用改善団体及びその構成員は、問206で述べるような特例を受けることができます。

問202　農用地利用規程の変更はどのように行えばよいのでしょうか。

答　一、市町村の認定を受けた農用地利用規程の内容を変更しようとする場合は、その変更が地域の名称の変更又は地番の変更に伴う場合であるものを除き（省令第二十二条）、変更後に農用地利用規程について再び市町村の認定を受ける必要があります（法第二十四条）。

二、農用地利用規程を変更する場合とは、いろいろなケースが考えられますが、例えば次のような場合でしょう。

(1)　基本構想の変更により農用地利用規程の内容が基本構想に適合しなくなった場合

(2)　農用地利用改善事業の実施区域を変更しようとする場合

(3)　農用地利用改善事業の推進結果等を踏まえ農用地利用規程の内容をより高度なもの等に変更しようとする場合

三、農用地利用規程の変更の手続きは、作成の場合と基本的には同じであり、その手順は次のとおりです。

(1)　農用地利用規程の変更の必要性、変更の内容等について関係者間で十分な話し合いを行います。

(2)　(1)の結果を踏まえ、農用地利用規程の変更案を作成し、農用地利用改善団体の総会その他の議決機関に諮ります。

(3)　変更後の農用地利用規程その他関係書類を整えて農用地利用改善団体の代表者は市町村に申し出ます（省令第二十三条第二項）。

(4)　市町村は変更に係る農用地利用規程が所定の要件に適合する場合は、農業委員会と関係する農業協同組合の意見を聴いた上で（省令第二十四条、省令第二条）、速やかに認定を行い、公告するとともに、その旨を申請者に伝えます。

問203　農用地利用規程の認定の取り消しは、どのような場合に行われるのですか。

答　一、市町村は、次の場合にはいったん認定した農用地利用規程を取り消すことができます（法第二十四条第三項、政令第十三条、基本要綱第12・5(2)）。

(1)　農用地利用改善団体が、認定を受けた農用地利用規程に従って農用地利用改善事業を行っていないと認められる場合

(2)　農用地利用改善団体が必要な四つの要件（問201参照）を備える団体でなくなった場合

(3)　基本構想の変更により農用地利用規程の内容が基本構想に適合しなくなった場合において農用地利用改善団体がその農用地利用規程について遅滞なく変更の認定を受けなかったとき（地域の名称の変更又は地番の変更に伴う変更の場合を除きます）

二、しかし、市町村は一度認定した農用地利用規程を取り消すというような事態が決して生じないよう、予め農業委員会、普及指導センター、農協等の協力を得て常日頃から十分な指導や援助を行うことが何より重要なことです。

また、万一取り消しを行う場合には、その取り消しを行う前に農用地利用改善団体に対し必要な是正措置を講ずるよう十分指導することが必要です。

（実施団体の特典等）

問204

農用地利用改善団体、特定農業法人にはどのようなメリットがあるのでしょうか。

答

次のようなメリットがあります。

一、制度面では、次のとおりです。

① 農用地利用改善団体の構成員である農協の組合員である個人が、農地中間管理機構作成の農用地利用集積等促進計画の定めるところによって農地を全部貸し付けること等により正組合員資格を失うこととなる場合でも、農協の正組合員資格が継続されます（農地中間管理事業法第二十六条第一項）。

② 農事組合法人の組合員の地位についても、農協の正組合員資格に準じその継続が認められます（農地中間管理事業法第二十六条第二項）。

③ 農用地利用改善団体が農事組合法人である場合には、土地改良法の土地改良事業の実施主体となることができます（法第二十九条第二項、基本要綱第12・9）。等

二、税制面では、特定農業法人（農地所有適格法人に限られます）について、地域の農用地を

責任をもって引き受けることになるので、その際の負担を軽減するため税制上の特例として農業経営基盤強化準備金の適用が受けられます。

三、このほか、農用地利用改善団体の地区に対しては、農用地利用改善事業の実施に関し、農業委員会、農協及び農地中間管理機構の助言を受けることができます（法第二十三条第十項）。

問205

農用地利用改善事業の実施団体は農用地の権利を取得できますか。また、取得できないとすれば、実施団体が中心となって農用地の権利関係等の集団的な利用調整をどのような方法で行えばよいのでしょうか。

一、農用地利用改善事業の実施団体は、農協法第七十二条の十・第一項第一号と第二号の事業を併せ行う農事組合法人である農地所有適格法人の場合を除き、その団体自らが農用地の権利を取得することはできません。

二、しかし、農用地の集団的な利用調整を進めるため、時と場所によっては農用地利用改善事業の実施団体が権利関係のいわば「主役」或いは「窓口」的な役割を果たすことが適当な場合もあると思われます。

そこで、このような場合には、例えば次のような方法を活用して実施団体が権利調整の「主役」又は「窓口」となる道が考えられます。

(1)　農用地利用改善事業の実施区域内の農用地の権利移動を行う場合にはその当事者は予め実施団体に届け出るよう申し合わせます。

(2)　(1)の申し合せを基礎に実施団体は、「集落農地利用地図」や「農地移動のあっせん方針」を作る等して、農地の移動が集団的（面的）利用と認定農業者等担い手の農地の利用集積に役立つよう利用調整を行います。

三、さらに、このほか①農用地の権利を取得できる農業法人を実施団体の構成員に加える、②実施団体と他の農業法人との間で農用地の利用あっせん協定を結ぶ、③農地中間管理機構を活用する等の方法が考えられます。

問 206

農用地利用改善事業の実施団体が農用地の利用調整を行った場合に、その効果を活かすためにはどのようにしたらよいのでしょうか。

実施団体が作付地の集団化等農用地利用改善事業のための農用地の利用調整を行った結果、農作業の受委託、農地の賃借・売買、土地の交換等の申し出が組合員から出

されることが考えられます。

このような場合には、実施団体としては、

(1)　農作業委託については、まず構成員である認定農業者等担い手や営農組合に対し優先的にあっせんするとともに、もし、団体内で受託者が見つからない場合には、農協や農業機械銀行（農作業受託部会等）を活用するなどして実施団体が責任をもって受け手を世話する一方、

(2)　農地の貸し付けや売り渡し、土地の交換の場合も(1)と同様に構成員である担い手に優先的にあっせんするとともに、もし団体内で受け手が見つからない場合には実施団体が責任をもって、信頼できる他集落の認定農業者等担い手の受け手を探し出すことが必要かと思われます。

また、同一市町村内でも農地の借り手や買い手が直ちに見つからないときは、農地中間管理機構を活用することも効果的でしょう。

いずれにしても農地の貸借、売買、交換については、基盤強化法や農地法に基づく所定の手続きをとるよう実施団体と市町村や農業委員会が連絡を密にして構成員に十分納得してもらうことが重要です。

問207

新農業経営基盤強化法には、農業協同組合の正組合員資格についての特例規定が見当たりません。特例を受けられなくなったのですか。そもそも特例とはどういうものですか。

一、農業協同組合の正組合員資格の特例については、旧農業経営基盤強化促進法において、法第十九条の規定による公告があった農用地利用集積計画の定めるところによって利用権が設定されたことにより農業協同組合の正組合員たる地位を失うこととなった個人（農用地利用改善団体の構成員であることその他農林水産大臣が定める基準に該当する者で当該農業協同組合の定款で定めるもの（注）に限る）については、引き続き正組合員たる地位を失わないこととする規定（法第二十八条第一項）が置かれていました※。

一部改正法により、市町村作成の農用地利用集積計画が農地中間管理機構作成の農用地利用集積等促進計画に統合されたことから、当該規定は削られましたが、新農地中間管理事業法において農業協同組合の正組合員資格に係る特例規定（同法第二十六条第一項）が次のとおり措置されました。

すなわち「農地中間管理事業法第十八条の規定による公告があった農用地利用集積等促進計画の定めるところによって、賃借権等が設定されたことにより農業協同組合の正組合員たる地位を失うこととなった個人（農用地利用改善団体の構成員であることその他農林水産大臣が定める基準に該当する者で当該農業協同組合の定款で定めるものに限る。）については、引き続き正組合員たる地位を失わない」とされています。

　これは、農用地について賃借権等の設定を行ったことにより、自らは耕作を行わないが、農用地利用改善団体の構成員としてその貸付地を含め実施地域の農用地の利用・経営に実質的に参加することを通じて地区の農業の振興に積極的に協力しているのですから、農業経営基盤強化促進事業が円滑に進められるように農業協同組合の正組合員の地位を継続しうることとしたものです。

二、具体的に「農林水産大臣の定める基準」は、①その者の住所が当該農業協同組合の地区内にある者又は当該農業協同組合の農業に係る事業施設を利用することが適当であると認められる者であって、②当該農業協同組合の准組合員である農用地利用改善団体の構成員である者その他当該農業協同組合の正組合員たる地位を継続させることが相当と認められるものであることとされております。

三、なお、共同利用施設の設置又は農作業の共同化に関する事業を行う農事組合法人について、同様に、組合員たる地位の継続の特例が設けられています（問204参照）。

（注）農業協同組合模範定款例では次のような特例を定めることとされています。

①　農用地利用改善事業実施団体で、当該農業協同組合の農民である正組合員が主たる構成員となっているものを、農業協同組合の准組合員として明記する。

②　次の各号に掲げる要件のすべてに該当する者は、農用地利用集積等促進計画の定めるところによって貸借権等を設定し、正組合員たる資格を失うこととなった場合であっても、引き続き農業協同組合の正組合員とする。

ア　当該組合の正組合員又は准組合員となっている農用地利用改善事業実施団体の構成員である者

イ　その住所が組合の地区内にある者、又はその住所が別に定める地区内にある者であって組合の農業の用に供する施設を利用することが適当であると認められるもの

ウ　利用権を設定した土地の全部又は一部が組合の地区内にある者

エ　農民である正組合員と協同してその農業の生産能率を上げ、経済状態を改善し、社会的地位の向上に貢献すると認められる者

③　理事のうち過半数は、農民である正組合員でなければならない。

④　組合長は、農民である正組合員でなければならない。

⑤　総会は、その出席者の半数以上が農民である正組合員でなければ開催できない。

⑥　総代は、その半数以上は農民である正組合員でなければならない。

問208

農用地利用改善事業を行う農事組合法人が、土地改良事業の実施主体になれますか。

一、法第二十九条第二項の規定により、農用地利用改善事業を行う農事組合法人（法第二十三条第一項、農協法第七十二条の十・第一項）は、土地改良事業の実施主体となることができます。

これは、①農用地利用改善団体の円滑な推進を図るためには、この事業とほ場整備、暗きょ排水、客土、交換分合等の土地改良事業とが一体的に行われる必要があること、②この場合、改めて土地改良区を設立したり、数人共同施行等により土地改良事業を実施するよりは、農用地利用改善団体たる農事組合法人が有する組織力と信用力を活用した方がより機動的かつ円滑に土地改良事業が遂行できる等の理由によるものです。

二、この場合における土地改良事業の進め方については、農業協同組合が土地改良事業を行う場合と全く同様です。すなわち、交換分合以外の土地改良事業については、農事組合法人は、総会の議決を経て、規約及び土地改良事業の計画の概要を公告して、その土地改良事業の施行に係る地域内にある土地につき土地改良法第五条第七項に掲げる権利を有するすべての者の同意を得た上、土地改良事業計画、規約その他必要な事項を定め、都道府県知事の許可を受けることによって、土地改良事業を開始することになります。また、交換分合については、農事組合法人は、総会の議決を経て、交換分合計画を定め、交換分合すべき農用地につき所有権、地上権、永小作権、質権、賃借権、使用貸借による権利又はその他の使用及び収益を目的とする権利を有する者全員の同意を得て、都道府県知事の許可を受けることによって、交換分合を行うこととなります。

（特定農業法人・特定農業団体）

問209

特定農業法人又は特定農業団体とは、どのような法人（団体）ですか。

答

一、特定農業法人とは、農用地の保有及び利用の現況及び将来の見直し等からみて農用地利用改善事業が円滑に実施されないと認められるときに、農用地利用改善団体の地区内の農用地の相当部分について農業上の利用を行う効率的かつ安定的な農業経営を育成するという観点から、当該団体の構成員からその所有する農用地について利用権の設定等若しくは農作業の委託を受けて農業経営を営む法人で、特定農用地利用規程に定められた法人です。

二、特定農業団体とは、農用地利用改善団体の構成員からその所有する農用地について農作業の委託を受けて農用地の利用の集積を行う団体（農業経営を営む法人を除き、農業経営を営む法人となることが確実であると見込まれること、その他の要件に該当するものに限ります）で、特定農用地利用規程に定められた団体です。

三、特定農業法人又は特定農業団体は、農用地利用改善団体の構成員から所有する農用地について利用権の設定等又は農作業の委託を行いたい旨の申し出があった場合に、特定農業法人が当該申し出に係る農用地について利用権の設定等若しくは農作業の委託を受けること又は特定農業団体が申し出に係る農用地について農作業の委託を受ける義務を負うことになります。

この義務負担に対する支援措置の一つとして、特定農業法人（農地所有適格法人に限る）には、租税特別措置法により、農業経営基盤強化準備金制度の対象とされるという税制の特例が設けられています。

問210

特定農業法人又は特定農業団体制度が創設された趣旨、背景はどのようなものですか。

答

一、農業の担い手の減少や高齢化の進行、耕作放棄地の増加等の現状のなかで、経営感覚に優れた効率的かつ安定的な農業経営を育成しつつ、これらの者に農地利用の集積を図っていくことが重要な課題となっています。

二、しかしながら、中山間地域や都市郊外など、地域によっては、既に集落内に農業の後継者がいないなど将来の農業の担い手の確保に不安を持っている地域が多く、これら地域において、育成すべき担い手を特定し、支援措置を講じていく必要があります。

三、現在、このような地域においては、集落の話し合いを通じて生み出された生産組織を活用するなど、いわゆる集落営農組織によって地域の農業が維持されてきているケースが多いところですが、このような取り組みは、集落リーダーの個人的な指導力に依存し、不安定な面もあります。

四、このため、集落機能の活用を通じて作付地の集団化、農作業の効率化等を図る農用地利用改善事業を実施する場合のひとつの方策として、当該地域内の農用地の相当部分を責任を持って引き受ける農業経営を営む法人（特定農業法人）又は当該団体の構成員からその所有する農用地について農作業の委託を受けて農用地の利用の集積を行う団体（農業経営を営む法人を除き、農業経営を営む法人となることが確実であると見込まれること等の要件に該当する団体（特定農業団体））を明確化し、当該法人に農地利用を集積するための取り組みを、基盤強化法において制度化したものです。

問211

特定農業法人にはどのような法人がなれますか。

答

一、基盤強化法においては、農業の担い手育成システムとして、認定農業者制度が設けられているところです。

特定農業法人は、このような認定農業者が存在しない、あるいは極めて不足しているような地域において、地域の農地を責任を持って管理するとともに、将来にわたって地域農業の担い手となることが期待されているものです。

二、この場合、

①　担い手が不足している地域においては、現在、いわゆる集落営農や生産組織などの取り組みにより地域農業が維持されてきているケースが多く、組織経営体の法人化の方向と合

致していること

② 特定の者に農地利用の集積を図ろうとする以上、その者は、継続的かつ安定的に農用地を引き受け、利用していく必要があるので、農業経営の継続性が担保されていることが必要であること

から、農地利用の集積を図る主体としては、農業を営む法人とされたものです。

問212

特定農業法人又は特定農業団体の設立のためには、どのような手続きが必要ですか。

答

一、農事組合法人その他の団体であって、地域内の農用地に関する権利を有する者の三分の二以上が構成員となっているもの（農用地利用改善団体）は、その行おうとする農用地利用改善事業の準則となる農用地利用規程を定め、市町村に提出し、適当である旨の認定を受けることができます。

二、農用地利用改善団体は、農用地の保有及び利用の現況及び将来の見通し等からみて農用地利用改善事業が円滑に実施されないと認めるときは、地域内の利用権の設定等若しくは農作業の委託を受けて農用地の利用の集積を行う農地所有適格法人等農業経営を営む法人（特定

農業法人）又は当該団体の構成員からその所有する農用地について農作業の委託を受けて農用地の利用の集積を行う団体（農業経営を営む法人を除き、農業経営を営む法人となることが確実であると見込まれること等の要件に該当する団体（特定農業団体））を、農用地利用規程に定めることができるとされています。この特定農業法人又は特定農業団体が定められた農用地利用規程を「特定農用地利用規程」といいます。

三、したがって、特定農業法人又は特定農業団体の設立のためには、何よりもまず、地域における土地利用調整等に関する十分な話し合い活動と合意形成が前提となります。また、特定農業法人又は特定農業団体を特定農用地利用規程に位置づける場合には、当該法人又は団体の同意が必要であるとともに、農業委員会及び農協の意見を聴く必要があります。

問213

特定農用地利用規程の認定を受ける際の、申請の手続きについて教えて下さい。

市町村に特定農用地利用規程の認定を申請する場合は、認定を受けようとする農用地利用改善団体の代表者が、申請書に特定農用地利用規程及び次の書面を添えて行う必要があります。

① 定款または規約
② 地区及び地区内の農用地につき、所有権、賃借権など使用・収益を目的とする権利を有する者の当該団体への加入状況を記載した書面
（必ずしも構成員の署名・押印はいりませんが、市町村の求めに応じて組合員名簿を提出することは必要）
③ 当該申請について、総会等で議決したことを証する書面
④ 特定農業法人又は特定農業団体の同意が得られていることを証する書面
⑤ 特定農業法人が定められた特定農用地利用規程にあっては、次に掲げる特定農業法人の区分に応じ、それぞれ次に定める書面
ア　農業経営改善計画の認定を受けた特定農業法人
　農業経営改善計画又は当該農業経営計画の変更の認定があったもの
イ　ア以外の特定農業法人
　農用地利用規程の認定があった日から起算して五年を経過する日までに行う農業経営の規模の拡大、生産方式の合理化等の農業経営の改善に関する目標、当該目標を達成するためとるべき措置その他の事項を記載した計画
⑥ 特定農業団体が定められた特定農用地利用規程の申請にあっては、次に掲げる書面
ア　特定農業団体の定款又は規約

イ　その組織を変更して、その構成員を主たる組合員、社員又は株主とする農業経営を営む法人となることに関する計画

ウ　省令第二十条の十・第二号の団体が農業経営を営む法人となるために実施する事項及びその実施する時期並びに同条三号のその団体の主たる従事者が目標とする農業所得が定められており、かつ、その額が市町村の基本構想において農業経営基盤強化の促進に関する目標として定められた目標農業所得と同等以上の水準の要件を満たすことを証する書面

問214

特定農用地利用規程の認定に際し、市町村として必要な手続きはどのようなものですか。

答

一、市町村は、認定に際してはその迅速な処理に努める必要があります。また、認定しようとするときには、

①　農業委員会

②　当該農用地利用規程における農用地利用改善事業の実施区域の全部又は一部をその地区の全部又は一部とする農業協同組合

の意見を聴かなければならないこととされています。

二、さらに、認定をしたときには、遅滞なく、その旨及び当該認定に係る特定農用地利用規程を、市町村の公報に掲載することその他所定の手段（市町村の掲示板への掲載等）により、公告しなければならないこととされています。

問215

特定農業法人又は特定農業団体になるためには、どのような要件を満たす必要がありますか（特定農用地利用規程の認定の要件）。

答

特定農業法人又は特定農業団体になるためには、市町村が特定農用地利用規程を認定することが必要ですが、認定に当たっての要件は次のとおりです。

なお、①～④は一般の農用地利用規程と共通の要件であり、⑤及び⑥が特定農用地利用規程について更に必要とされる要件です。

① 農用地利用規程の内容が基本構想に適合するものであること。

② 農用地利用規程の内容が農用地の効率的かつ総合的な利用を図るために適切なものであること。

③ 認定農業者とその他構成員との役割分担が認定農業者の農業経営の改善に資するものであること。

④　農用地利用規程が適正に定められており、かつ、申請者が農用地利用規程に定めるところに従い農用地利用改善事業を実施する見込みが確実であること。

⑤　特定農業法人に対する農用地の利用の集積目標が、農用地利用改善団体の区域内の農用地の相当部分について集積するものであること。

⑥　農用地利用改善団体の構成員から農用地の利用権の設定等あるいは農作業の委託の申し出があった場合に、特定農業法人又は特定農業団体が引き受けることが確実であると認められること。

問216

特定農業法人又は特定農業団体は、新たに設立する必要があるのですか。既存の法人又は団体を特定農業法人として位置づけることは可能ですか。

要件を満たすものであれば、新たに設立する場合に限らず、既存の法人又は団体を位置づける場合でも可能です。

問217

特定農業法人又は特定農業団体は、農用地の利用権の設定等若しくは農作業の受託を受けて地区内の相当部分について利用集積を行うこととされていますが、「相当部分」とはどの程度ですか。

答

「相当部分」とは、特定農業法人にあっては、農用地利用改善団体の区域地区内の農用地面積の「過半」、特定農業団体にあっては、「三分の二」とされています。

問218

農用地利用改善団体の区域内の農用地面積の過半を集積するという要件は厳しすぎるのではないでしょうか。

答

特定農業法人は、農業の担い手不足が見込まれる地域において、将来の担い手として、地域の合意のもとに位置づけられたものです。したがって、合意した地域の地権者（農用地利用改善団体の構成員）等がその経営を支援していくべきこと並びに地域の農用地を責任をもって利用する主体であること、特定農業法人（農地所有適格法人）には、農業経営基盤強化準備金制度を始めとする支援措置が講じられていることから、過半を集積するという面積要件は、そのような主体であることを担保するために必要なものです。
なお、この要件は特定農業法人への農用地の利用集積目標に係るものです。

問219

利用集積面積には農作業受託面積を含むのでしょうか。

答

利用集積面積には、利用権設定等による経営耕地面積に加え、次の作業を受託する面積も含まれます。

ただし、同一農地で複数の作業が行われる場合、同一の農地面積をカウントすることとされています。

作業の種類	
ア　稲作	耕起、代かき、田植え、収穫
イ　麦及び大豆	耕起・整地、播種、収穫
ウ　その他の作物	ア及びイに準ずる農作業

問220

集積目標が達成されなかった場合には、何らかのペナルティーがあるのですか。

答　集積目標を達成するよう、農用地利用改善団体は農用地利用改善事業を行っていくことは当然ですが、集積目標を達成しなかったからといって、ペナルティーが課せられるわけではありません。

問221

特定農用地利用規程の認定要件にある「農用地利用改善団体の構成員から利用権の設定等若しくは農作業の委託の申し出があった場合に特定農業法人又は特定農業団体が引き受けることが確実」とは、どのようにして判断すればよいのですか。

一、この要件の判断基準としては、特定農用地利用規程において、農用地利用改善団体の構成員から農用地利用改善団体への利用権の設定又は農作業受委託の申し出があり、特定農業法人を利用権設定等の受け手とする農用地利用集積計画の作成の申し出が行わ

れた場合、又は特定農業法人又は特定農業団体に対する農作業の委託のあっせん等の手続きが行われた場合に、当該特定農業法人が利用権の設定等又は農作業の委託を受けることが、当該特定農業団体が農作業の委託を受けることが確実なものとなっているか否かを判断するものとされています。

二、したがって、特定農業法人又は特定農業団体の同意があることはもちろんですが、特定農業法人への利用権の設定等について、農用地利用集積計画作成時に必要とされる関係権利者の同意がとれる可能性があること、農業用機械等の装備やオペレーター等の農作業委託を受ける能力が当該特定農業法人又は特定農業団体にあること等が、具体的に本要件を満たす事項と考えられます。

問 222

特定農業法人又は特定農業団体になると、どんな条件が悪い農地でも引き受ける義務が生じるのでしょうか。

答

一、特定農業法人又は特定農業団体は、自らの経営判断とは別に、農用地利用改善団体の構成員から、地区内の農用地について利用権の設定等又は農作業の委託をしたい旨の申し出があった場合には、特定農用地利用規程の定めるところにより、原則としてこれを引き受ける義務が生じます。

二、特定農用地利用規程を定める場合には、特定農業法人又は特定農業団体の同意が必要となっています。したがって、特定農用地利用規程を作成する段階で、被災地など特に条件が悪い農地の取り扱いについて別に定めることにより、特定農業法人又は特定農業団体の経営を圧迫することのないような対応が可能と考えられます。

三、また、利用権設定等の対価や借賃あるいは農作業の料金については、市町村の基本構想において示される算定基準等に即して定められることとなるため、地域の実勢を踏まえた適正な水準となると考えられます。

いずれにせよ、特定農業法人となるべき農業経営を営む法人又は特定農業団体となるべき農業団体を含めて、地域で事前に十分話し合い、関係者の合意の上で特定農用地利用規程を定めることが重要です。

問223

同一の特定農用地利用規程に複数の特定農業法人又は特定農業団体を定めることは可能ですか。

答

特定農業法人又は特定農業団体は、区域内の農用地の過半を集積する要件を満たす必要があるためなど、一つの特定農用地利用規程に複数の特定農業法人又は特定農業団体を定めることは不可能です。

問224

農用地利用改善団体の区域外にある法人又は団体を、当該改善団体の特定農用地利用規程で特定農業法人又は特定農業団体として定めることは可能でしょうか。

特定農業法人又は特定農業団体の住所又は主たる事業所の所在地は、農用地利用改善団体の内外いずれにあるかは問わないもの（農用地利用改善団体の構成員以外の者で組織する農業経営を営む法人又は特定農業団体でも可能）とされていますが、区域内の農用地に通作可能な範囲内にあることが条件です。

問 225

特定農業法人又は特定農業団体は、稲作等の部門を行っている法人又は団体に限定されるのでしょうか。

特定農業法人又は特定農業団体に位置づけられる農業を営む法人又は団体は、特に稲作部門を行っている法人又は団体に限定されるものではありませんが、地域の農用地の利用集積と効率的利用を図っていく主体として位置づけられていることから、土地利用型部門を主として経営を展開している法人又は団体であることが前提です。

なお、土地利用型部門には、稲作のほか、畑作、露地野菜作、酪農（飼料）等、農用地を利用して営まれる農業の部門が含まれます。

問 226

複数の特定農用地利用規程で、同一の法人又は団体を特定農業法人又は特定農業団体として位置づけることは可能でしょうか。

答

その法人又は団体の事業実施能力等からみて、それぞれの農用地利用改善団体内の農用地の効率的な利用を行い得る場合であれば、可能と考えられます。

問227

例えば、市町村の全域を対象とするような広域型の特定農業法人又は特定農業団体は、成立し得るのでしょうか。

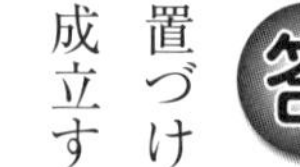

答　概念上は、当該市町村全域にわたる農用地の権利関係者の合意があれば、市町村の全域を対象とする農用地利用改善団体が成立し、特定農業法人又は特定農業団体を位置づけることも可能と考えられますが、一般的には、合理的に合意が得られる一定の範囲内で成立するものと考えられます。

問228

特定農業法人を認定農業者と、特定農用地利用規程を認定計画とみなす理由は何ですか。

答　一、特定農業法人は認定農業者と、特定農用地利用規程は認定計画とみなすこととされています（法第二十三条第七項）。

二、これは、特定農業法人は、地域の合意に基づいて区域の農用地の相当部分（過半）について利用集積が図られることが確実であるとして市町村が特定農用地利用規程の認定を行ったものであること、また、この利用規程には利用集積の目標が明記されていることから、認定農業者とみなし、地域における担い手として自立し得るよう支援していく必要があるためです。

三、したがって、特定農業法人は、法第十六条（認定農業者への利用権の設定等の促進）及び第十一条の十一（農業経営・就農支援センター）の規定の適用を受けることとなります。

問229

認定農業者とみなされることにより、税制、金融面のメリット措置も適用されるのでしょうか。

答

税制、金融のメリット措置については、それぞれの根拠法律において、特定農業法人（みなし認定農業者）への適用を認めていません。

これは、認定計画とみなされる特定農用地利用規程は、経営規模の拡大目標を示しているものので、所得等特定農業法人の経営の全貌を示し得るものではないためです。

したがって、例えばスーパーL資金の融資を受けるためには、経営の全貌を示す経営改善計画を作成し、改めて市町村等の認定を受ける必要があります。

問230　特定農用地利用規程には、なぜ有効期間が設けられているのですか。

答　一、一般の農用地利用規程は、地域ごとの自主的な取り組みの行動準則ですので有効期間はありませんが、特定農用地利用規程の有効期間は五年間と定められています。

二、これは、特定農業法人又は特定農業団体は、農用地利用改善団体の構成員からの申し出に応じ、原則として農用地の利用権等あるいは農作業の委託を引き受ける義務を負っており、当該法人の同意を得ているとはいえ、あまりに長期間、このような義務を負わせていることは酷であると考えられるためです。

問231　特定農用地利用規程の有効期間は、なぜ五年間とされているのですか。

特定農業法人又は特定農業団体をあまりに長期間、地域の農用地の利用の集積のために縛ることは酷である一方、地域の農用地の利用集積を図ることは、一定の期間が

必要であり、あまりに短期間、特定農業法人又は特定農業団体に農用地の利用の義務を負わせても、その実効性に乏しいことなどを考慮して、その期間を五年としたものです。

問232

五年間の有効期間が経過した場合には、特定農用地利用規程はどうなるのでしょうか。

答

一、有効期間が経過した場合には、特定農用地利用規程は無効となります。

したがって、引き続き農用地利用改善団体が農用地利用改善事業を行おうとすれば、仮に特定農業法人又は特定農業団体を定めない場合であっても、再度、農用地利用規程を定めなければなりません。

二、ただし、特定農業法人又は特定農業団体の同意を得た場合には、市町村の承認を得て、その有効期間を五年を超えない範囲内で延長することができることとされています。

問233

特定農用地利用規程の延長が認められるのは、どのような場合ですか。

特定農用地利用規程の有効期間は五年間とされていますが、特定農業法人又は特定農業団体が必ず五年間で農用地利用集積の目標を達成できるとは限らないことから、有効期間を五年を超えない範囲内で延長することが認められています（政令第十二条）。

すなわち、五年間の有効期間が経過した後、あと数年間（五年以内）あれば確実に農用地の利用集積が図れるという目途が立っているような場合は、全く同じ内容の特定農用地利用規程を作り直して、当該特定農業法人又は特定農業団体をさらに一律に五年間、地域の農用地の利用集積のために縛り付けることは適当ではないため、必要な年数分延長できる規定が設けられています。

問234

特定農用地利用規程の有効期間が経過した場合には、農業経営基盤強化準備金はどうなるのでしょうか。

答

有効期間が経過し、特定農用地利用規程が無効となった場合には、特定農業法人に該当しなくなることから、その日を含む事業年度の所得の金額の計算上、益金の額に算入することとなります。

ただし、特定農用地利用規程の有効期間が延長された場合には、引き続き据え置くことができます。

問235

特定農用地利用規程を延長する際の、申請の手続きについて教えて下さい。

答

市町村に特定農用地利用規程の延長の承認を申請する場合は、承認を受けようとする農用地利用改善団体の代表者が、次の事項を記載した申請書に、特定農業法人又は特定農業団体の同意が得られていることを証する書面を添えて申請することとされています。

①　申請書の名称、主たる事務所の所在地及び代表者の氏名
②　延長の期間
③　特定農用地利用規程の有効期間を延長することを必要とする理由（省令第二十一条の二）

問236　特定農用地利用規程を変更する際の取り扱いについて教えて下さい。

特定農用地利用規程を変更しようとするときは、市町村の認定を受けなければならないとされています。

ただし、地域の名称の変更又は地番の変更に伴う軽微な変更については、改めて認定を受ける必要はありません。

問237　特定農用地利用規程が取り消されるのは、どのような場合でしょうか。

一、市町村は、次の場合には、特定農用地利用規程の認定を取り消すことができることとされています。

① 農用地利用改善団体が、地権者の三分の二以上を構成員とするなどの要件を失った場合

② 農用地利用改善団体が、特定農用地利用規程に定めるところにより農用地利用改善事業を行っていないと認められる場合

③ 市町村の基本構想が変更され、特定農用地利用規程がこれに適合しなくなった場合において、団体が遅滞なく変更の認定を受けなかったとき

二、なお、市町村は、取り消しを行う前に、当該農用地利用改善団体に対し、必要な是正措置を講じるよう十分指導することが適当であるとされています。

問238

農用地利用改善団体は、農業委員会等に対し、農用地利用改善事業に関する必要な助言を求めることができるとされていますが、どのような趣旨で、このような規定が設けられたのでしょうか。

一、農用地利用改善団体は、農用地利用改善事業を行うに当たり、農地関係の法令や営農技術等についての知識を得る必要がありますが、集落等を単位とする地縁的組織であるため、専門的な知識には限界があります。

このため、農業委員会、農協、農地中間管理機構の助言を求めることができる（法第二十三条第十項）とされています。

二、もっとも、農用地利用改善団体はこれら機関・団体の監督を受ける下部組織ではないので、助言を受けるかどうかは、農用地利用改善団体の選択に委ねられています。

（注）市町村が特定農用地利用規程を認定しようとする際には、農業委員会及び農協の意見を聴く必要があります。

問239

認定農業者等に対する利用権の設定等の「勧奨」とは、どのようなものですか。

答

一、認定団体は、当該認定団体が行う農用地利用改善事業の実施区域内の農用地の効率的かつ総合的な利用を図るため特に必要があると認めるときは、その農業上の利用の程度がその周辺の当該区域内における農用地の利用の程度に比し著しく劣っていると認められる農用地について、当該農用地の所有者等である当該団体の構成員に対し、特定農業団体を含む認定農業者等に、利用権の設定等を勧奨することができることとされています（法第二十六条第一項）。

二、また、このような農用地がある場合には、その区域内の特定農業法人及び特定農業団体は、当該農用地について利用権の設定等を受け、農用地の効率的かつ総合的な利用に努めるものとされています（法第二十六条第二項）。

三、これは、特定農用地利用規程については、一般の農用地利用規程とは違い、特定農業法人又は特定農業団体に区域内の農用地の利用集積を行っていくという地区の集落合意が形成されていること、特定農業法人又は特定農業団体に集積しなければ農用地の効率的かつ総合的な利用が図れないと市町村が認定していることから、区域内に荒らし作り地等が発生している場合には、事業の適正な実施を図るため、農用地利用改善団体が構成員に対し、このような勧奨を行うことができるとともに、このような農用地について利用権の設定等を受け、農用地の効率的かつ総合的な利用確保の努力義務の規定が設けられたものです。

四、なお、土地区画整理法に基づく施行地区が定められている土地の区域等については、勧奨は実施しないこととされています。

問240

農用地利用改善団体がその構成員に対して行う「勧奨」は、構成員に対して強制力を有するものなのでしょうか。

答

勧奨は、荒らし作り等を行っている構成員に対して任意の協力を求めるものであり、拘束力を有するものではありません。

このため、農用地利用改善団体は勧奨を受ける相手方の意向をあらかじめ把握するとともに、本措置が罰則等を伴うものではないことについて相手方に誤解が生じないよう配慮するとともに、勧奨の実施については、総会の議決を経て、農用地利用規程に基づき勧奨するものとされています。

問241　特定農業法人に対する課税の特例措置（農業経営基盤強化準備金制度）とは、どのようなものですか。

一、基盤強化法においては、特定農業法人（農地所有適格法人に限る）が、特定農用地利用規程の定めるところに従い、農用地について利用権の設定等又は農作業の委託を受けることに要する農業用機械等の取得に充てるため準備金を積み立てた場合には、租税特別措置法で定めるところにより、特別の措置を講じることとされています。

二、具体的には、次のようなものです。

①　特定農業法人が特定農用地利用規程に定めるところにより農用地利用改善団体の構成員の求めに応じて農用地を買い入れ、借り受け又は農作業を受託する場合に必要となる農業用機械等の取得に備えるため、経営所得安定対策等の交付金を農業経営基盤強化準備金として積み立てた場合は、その積立額を損金算入することができることとされています。

②　また、当該法人が、当該準備金を取り崩して、農業経営改善計画と同様の計画の定めるところに従い農用地の取得をし、又は特定農業用機械等の取得等をして、当該農用地又は特定農業用機械等を農業の用に供した場合には、当該事業年度の準備金の益金算入額に相当する金額の範囲内で圧縮記帳し、その圧縮額を損金算入できることとされています。

問242

農業経営基盤強化準備金制度の適用対象はどのようになっていますか。

答

農業経営基盤強化準備金の積み立てを行える者は、
① 認定農業者（個人、農地所有適格法人）
② 認定新規就農者（個人）
③ 特定農業法人（認定農業者を除く）
とされています。

問243

積み立てた農業経営基盤強化準備金を益金に算入することとなるのは、どのような場合ですか。

答

一、準備金のうち、積み立てをした事業年度終了の翌日から五年を経過したものがある場合には、その五年を経過した日を含む事業年度の所得の金額の計算上、益金の額に算入することとされています。

二、そのほか、次の場合にも益金に算入することとされています。

① 特定農用地利用規程の認定が取り消された場合又は特定農業法人に該当しなくなった場合

② 特定農用地利用規程の有効期間が経過した場合

③ 特定農業法人が非合併法人となる合併が行われた場合

④ 特定農業法人が解散した場合

⑤ 青色申告の承認を取り消された場合又は青色申告を行わなくなった場合

問244

圧縮記帳とは、どのようなものですか。

答

圧縮記帳とは、交付金により取得した農業用固定資産の帳簿価額を一定額まで減額し、その減額分を必要経費（損金）に算入することにより、その年（事業年度）の課税事業所得（所得）を減額する方法です。

この場合、資産のうち圧縮記帳で減額した部分は減価償却の対象とならないため、毎年度の減価償却が圧縮記帳を行った分だけ減額されることから、圧縮記帳は税金の免除ではなく、減価償却費を通じた課税の繰り延べであるといわれています。

農地を取得した場合は、減価償却資産ではないため、その農地を保有している限りは準備金の取り崩しに係る課税はありませんが、その農地を売却した場合には、圧縮記帳を行った部分だけ譲渡益（課税額）が多くなります。

問245

農業経営基盤強化準備金を取り崩した場合に圧縮記帳できるのは、どのような資産を取得した場合でしょうか。

圧縮記帳できるのは次の場合に限られます。
① 特定農用地利用規程の定めるところに従い農用地を取得した場合
② 特定農業用機械等を取得した場合
③ 特定農業用機械等を製作、建設し農業の用に供した場合
準備金制度を活用できる農業用の固定資産は、農用地と農業用の機械その他の減価償却資産です。
① 農用地：農地、採草放牧地（法第四条第一項第一号）
② 農業用の機械（その他の）減価償却資産：農業用の器具備品、建物（建物附属設備）、ソ

フトウエア、構築物と農業用施設（機械及び装置）など（耐用年数は省令の区分によります）。

問246

対象となる農業用の固定資産とは、どのようなものですか。

答

農業経営基盤強化準備金制度を活用できる農業用の固定資産は、農用地と農業用の建物・構築物・器具備品・機械装置・ソフトウエアです。

例えば、果樹棚、ビニールハウス、用排水路、暗きょ、トラクター、乾燥機、精米機、飼料細断機、農機具庫、貯蔵庫、フィールドサーバー、農作業管理ソフトなどです。

（注）車両及び建設機械などは、対象となりません。中古品も対象となりません。

問 247

特定農業法人が農業用機械等を他に貸し付けている場合は、圧縮記帳の対象となるのでしょうか。

答

特定農業法人が農業用機械等を他に貸し付けている場合は原則として圧縮記帳の適用はありませんが、例えば自己の下請者に貸し付けていても、専ら当該法人の農畜産物の生産に用いられるなど、特定農業法人自らが使用しているものと同様の事情にあると認められる場合には、圧縮記帳の適用が認められます。

問 248

農用地利用改善団体の区域外の農用地を取得するため、準備金を取り崩してこれに充てる場合は圧縮記帳は可能でしょうか。また、改善団体の区域外で専ら使用する機械・施設の場合はどうでしょうか。

答

圧縮記帳できるのは、特定農用地利用規程に定めるところに従い取得する農用地等の場合に限定されているため、大臣証明がされず圧縮記帳できません。

ただし、機械・施設の場合で、農用地利用改善団体の区域内での農業生産に利用されるものであれば、それ以外の地域における農業生産にも用いることは制限されていません。

問249

農業経営基盤強化準備金は圧縮記帳と連動する結果、課税の繰り延べとしての効果があることはわかりますが、準備金制度のＰＲ上、改めて準備金のメリットを教えて下さい。

答

次のようなメリットが考えられます。

① 将来に向かって法人税が下がる場合のメリット

② 時期的価値判断（例えば、今日の十万円より五年後十万円の支払いの方がラク）によるメリット。

③ 減価償却の対象外である「農用地」を買ったときのメリット

④ 経営戦略上、何も懸念することなく積み立てが損金算入できるメリット

五、農作業の受委託を促進する事業等

問250

法第四条第三項第三号の「委託を受けて行う農作業の実施を促進する事業」「その他農業経営基盤の強化を促進するために必要な事業」の内容について説明して下さい。

一、農作業の受委託を促進する事業

1　農用地の効率的かつ総合的な利用を図るためには、地域に担い手がいない又は不足しており農地の担い手が見付からない場合、農業協同組合や農業支援サービス事業者が委託を受けて農作業を行うこと（以下「農作業受託事業」という。）が重要です。

この際、農作業の委託の活用を進めるためには、①農作業受託を実施する者のサービス内容に関する情報（受託可能な農作業の種類、エリア、受託料金等）が、農作業を委託する農業者や農用地の利用関係の調整を行う関係機関（農業委員会、農地中間管理機構等）に提供されること、②その情報を踏まえ、農業委員会、農地中間管理機構、農業協同組合等が農作業の委託のあっせんを行うことが重要です。

2　このため、市町村は、農作業受託事業を実施する者に対して、サービス内容に関する情報を提供するよう働きかけるとともに、農業委員会、農地中間管理機構等が行う農作業の委託のあっせんの促進等の措置を講ずるように努めることとされています（法第二十六条の二）。

加えて、農作業受託事業を実施する者を確保するため、農業協同組合は、農作業の委託を受ける農業者の組織化の推進等に努めるほか、受託農業者が不足している地域等においては、自ら委託を受けて農作業を行うように努めることとされています（法第二十七条）。

このほか、農作業の委託が促進されるためには、農作業を効率的に実施することができる先端的技術の普及が重要であることを踏まえ、国及び地方公共団体は、スマート農業技術やその支援措置等の情報を広く提供するように努めるとともに、農作業受託事業の実施に必要な助言、指導、資金の融通のあっせん等を行うよう努めることとされています（法第二十八条）。

二、その他農用地農業経営基盤の強化を促進するために必要な事業

法に定められた三事業（①地域計画推進事業、②農用地利用改善事業、③農作業の受委託を促進する事業）以外の事業であって、地域の実情に応じ市町村が農業経営の改善を図るために必要であると認めて基本構想で定める事業です。

具体的には、例えば①生産組織の育成を助長する事業、②地力の維持培養及び堆きゅう

肥・副産物の有効利用を促進する事業、③農産物の集出荷の合理化その他流通の改善を促進する事業などが考えられます。

六、事業の普及推進

問251

農業経営基盤強化促進事業の趣旨の普及はどうしたらよいか説明して下さい。

答

基本構想を定めた後に事業の実施に入るわけですが、この事業を円滑に実施するためには農業者等への趣旨の普及が重要です。

そのためには例えば、次のような方法の中から、その地域にあった方法を活用することが考えられます。

(1)　資料による普及

この事業の仕組みやねらい等を平易に解説した資料を農業者等に配布する方法です。

(2)　ポスター・広報誌・有線放送の活用

一般的な方法として、ポスターの掲示、市町村、農業委員会・農協の広報資料、有線放送等を活用し事業の趣旨を徹底することです。

(3) 集落座談会の開催

(1)、(2)のような普及方法をとるのと並行して、集落座談会を開催して事業の趣旨と仕組み、進め方などを説明します。

この集落座談会では、普及用の資料を配布して説明します。集落座談会の進め方は、集落の代表者が司会者となって会を進め、市町村・農業委員会・農協・普及指導センター等が説明役となるというようなことも考えられます。

(4) 関係団体に対する普及

農業者に対する直接的な普及とともに、関係団体に対する側面的な普及も必要であり、ときには大きな効果を期待できる場合があります。

したがって、この事業の実施区域に関係する生産組合や婦人会、農協の作目別部会等に対して組織的な協力関係をつくり出すことが有効です。

問252

遊休農地に関する措置はどのようになったのでしょうか。

答

遊休農地対策は、平成二十一年の農地法等の一部改正まで基盤強化法で要活用農地に対して、行われることとされていました。

平成二十一年の改正では、農地法の仕組みに変え、すべての遊休農地を対象とするとともに、所有者が判明しない遊休農地についても利用が図れるようにされました。

七、認定農業者等に関する情報提供等

問253

認定農業者等に関する情報提供等に当たり留意することは何ですか。

一、認定農業者及び認定新規就農者（以下「認定農業者等」という）の経営改善や経営確立の取り組みを着実に進めるためには、認定農業者等に関する情報を、各種支援策

を実施する関係機関・団体、認定農業者等が就農地としている市町村並びに広域の認定を行う都道府県知事及び農林水産大臣等においても保有しておく必要があります。このため、認定農業者等に関する情報の利用及び関係機関相互の情報提供が図られるよう必要な規定が整備されています（法第三十条の二）。

二、なお、市町村等による認定農業者等に関する情報の関係機関・団体等への提供については、次の参考指針が示されています（基本要綱（別紙6））。これを参考に、適切な対応を確保してください。

(1)　認定農業者等についての個人情報の取り扱い

認定農業者等の個人情報については、個人情報保護法及び個人情報保護条例等に基づき、適正に管理すること。

(2)　市町村等が行う情報提供及び情報管理

①　市町村等は、経営改善計画等の認定申請があった場合には、まず各市町村における個人情報の取り扱いを説明した上で、ア．氏名（法人の場合、法人名）及び年齢、イ．住所、ウ．経営改善計画等の有効期間、エ．経営改善計画等の内容等を関係機関等に対し提供等することについて、あらかじめ認定申請者等から同意を得ておくことが必要。

同意取得に当たっては、関係機関等との理解と協力が深まること、きめ細かな支援が受けられること等、情報提供することの趣旨やメリットを説明した上で同意を得ること。

② 後日の混乱等を未然に防止する観点から、同意を得る際には、同意内容をお互いに確認し、書面により行うことが望ましい。この場合、書面には、ア．情報の利用目的、内容及び利用方法、イ．通知を行う関係機関等の名称、ウ．経営改善に資する支援等の実施以外の目的や利用方法で使用しないこと等、市町村等の遵守事項等を明記しておくことが必要（同意書については、参考様式第8号を参照）。

③ 経営改善計画等の実施状況や専門家からの助言等の内容についても、経営改善計画等の取り扱いに準じ、個人情報を適切に取り扱う必要があること。特に指導・助言等を実施する際には、専門家からの助言内容を、普及指導センター等の関係機関に提供することも想定されることから、①に規定する同意を得る際には、このことについても同意を得ておくことが望ましい。

④ 市町村等が情報提供を行う関係機関等には、農業委員会、農業協同組合、関係市町村、関係都道府県、国、農業経営・就農支援センター、農地中間管理機構、株式会社日本政策金融公庫、独立行政法人農業者年金基金等が含まれること。

⑤ 市町村等は、経営改善計画等の期間満了により、新たな経営改善計画の申請があった場合であっても、その都度、①の規定に準じて個人情報の取り扱いに関する同意を得ることが望ましい。

三、関係機関等の情報管理
　情報提供を受けた関係機関等は、個人情報保護の観点から、認定農業者等に関する情報を適切に管理すること。

農業経営基盤強化促進法　一問一答集　3訂

定価 2,530 円（本体 2,300 円）送料別

平成14年10月　初版
平成25年５月　改訂版
平成29年３月　改訂二版
令和２年９月　改訂三版
令和６年３月　３訂

発　行　全国農業委員会ネットワーク機構
一般社団法人　全国農業会議所
東京都千代田区二番町９－８
電話　03(6910)１１３１

R05-50

落丁、乱丁はお取り換えいたします。